잠자리 표본 도감
An Identification Guide To Dragonflies And Damselflies

한국 생물 목록 19
Checklist of Organisms in Korea 19

잠자리 표본 도감
An Identification Guide To Dragonflies And Damselflies

펴 낸 날 | 2016년 9월 19일

글·사진 | 정상우, 배연재, 안승락, 백운기

펴 낸 이 | 조영권
만 든 이 | 노인향
꾸 민 이 | 강대현

펴 낸 곳 | **자연과생태**
주소_서울 마포구 신수로 25-32, 101(구수동)
전화_02)701-7345~6 팩스_02)701-7347
홈페이지_www.econature.co.kr
등록_제2007-000217호

ISBN 978-89-97429-67-7   96490

정상우, 배연재, 안승락, 백운기 ⓒ 2016

한국 생물 목록 19
Checklist of Organisms in Korea 19

잠자리 표본 도감

An Identification Guide To Dragonflies And Damselflies

글·사진 정상우, 배연재, 안승락, 백운기

자연과생태

일러두기

- 한반도에 서식하는 잠자리 11과 50속 97종을 실었고, 국내 유사종과 비교할 수 있도록 한반도와 생물지리학적으로 가까운 일본의 잠자리 9과 26속 29종의 표본기록을 함께 수록했다.
- 본문 내용은 국립중앙과학관에서 서비스하는 '국가자연사연구종합정보시스템(NARIS)'에 구축된 정보를 바탕으로 작성했으며, 이 내용은 '국가생명연구자원통합시스템(KOBIS, http://kobis.re.kr)'과도 연동되어 있다.
- 잠자리 표본과 정보는 이승모 선생님이 생전에 채집 및 작성한 자료다.
- 잠자리 교미부속기 및 생식기 사진과 도판은 이승모(2001) 자료를 인용했다.
- 국명과 학명은 국가 생물종 목록집(국립생물자원관, 2012)을 따라 수정 및 작성했으며, 분류체계는 최신의 것을 따랐다.
- 국내에 기록되지 않은 일본종의 과(family)와 종(species)의 국명은 이승모 선생과 저자들이 새롭게 명명했다.
- 잠자리의 형태 구조, 부위별 특징, 서식처 및 국내외 분포 등을 정리했다.
- 한국산 잠자리목 목록, 한국산 잠자리목의 적색목록 등급 및 기후변화 생물지표종을 수록했다.

머리말

잠자리목은 절지동물문 곤충강에 속하며, 하루살이목과 더불어 원시적인 무리인 고시군(Palaeoptera)입니다. 우리나라 잠자리에 관한 연구는 1890년 물잠자리(*Calopteryx japonica* Selys) 1종 기록이 시작이었습니다. 이후 1958년 우리나라 최초의 곤충분류학자이자 국립중앙과학관 초대 관장을 역임한 조복성 박사가 87종을 보고했으며, 2001년에는 이승모 선생이 교미부속기 도판과 함께 107종을 기록했습니다. 최근(2007, 2011, 2012년) 정광수 박사는 잠자리 유충 및 성충을 새롭게 분석하고 해석하는 저서들을 발간했습니다. 한편 2005년에는 백악기 전기에 서식한 것으로 추정되는 잠자리 화석(*Hemeroscopus baissicus* Pritykina)이 경상남도에서 발견되어 국내 잠자리의 진화 및 기원에 대한 관심이 높아졌습니다.

잠자리는 유충시기에는 수서생태계에서, 성충시기에는 육상생태계에서 활동하기 때문에 환경지표 및 진화생태학적으로 매우 중요한 곤충입니다. 전 세계적으로 6,000여 종이 알려졌으며(2015년), 우리나라에는 122종이 보고되었지만(환경부) 일부 종은 실체가 확인되지 않고 있습니다. 1960년대 이래 경제개발정책이 가져온 환경파괴와 폭발적인 인구 증가로 인한 도시팽창은 저항성이 약한 자생식물을 멸종시켰으며, 산림생태계 전반을 사라지게 했습니다. 그 결과 도심에서 흔히 볼 수 있었던 고추잠자리와 밀잠자리를 관찰하기 어려워졌고 다양한 종이 서식처를 옮기거나 사라지고 있습니다. 또한 하천정비 사업과 수질오염으로 인해 잠자리 알과 유충의 수가 급감하고 있습니다.

잠자리는 대륙을 횡단할 만큼 이동성이 뛰어나고, 생활 습성이 독특해 세계적으로 다양한 측면에서 연구하고 있습니다. 친환경적인 해충방제나 기후변화 연구는 물론이고, 수백 번의 날갯짓에도 손상되지 않는 잠자리 날개의 고무단백질을 이용한 인공 레실린(resilin) 개발, 360도 회전하는 모자이크 겹눈을 이용한 입체영상 카메라렌즈 개발 등 생체모방기술 연구도 활발합니다. 유럽에서는 연구가치가 높은데도 점차 사라져 가는 잠자리의 다양성을 유지하고자 보전·보호 정책을 펼치고 있습니다. 우리나라도 다각도의 잠자리 연구와 종 다양성 유지를 위해 고민해야 할 때입니다.

1923년 평안북도 평양에서 태어난 故 이승모 선생은 2008년 4월 15일 85세의 나이로 별세하기까지 60여 년 동안 잠자리류, 나비류, 갑각류 등 한국 곤충분류연구에 몰두했습니다. 국내 최초로 남한과 북한의 곤충을 연구한 학자로서 50여 편의 저서와 논문을 발표했으며, 1971년 국립중앙과학관에 위촉된 이후에는 아시아 최초로 제1회 국제 동아시아 잠자리학회를 성공리에 개최하고 세계 희귀 잠자리표본을 전시하는 등 대중과 소통하고자 노력했습니다. 그 결과 지금의 잠자리 연구가 한 단계 도약하는 계기가 되었습니다. 이 책은 선생이 남긴 표본과 다양한 저서 및 자료를 바탕으로 구축된 국가자연사연구종합정보시스템(Korean National Research Information System)의 잠자리분야 데이터를 기초로 해 정리했습니다. 선생의 업적을 기리고, 대중에게 잠자리의 생태 및 중요성을 알리고자 이 책을 엮었습니다.

2016년 9월
저자일동

이승모(李承模, 1923~2008)

약력

- 1923년 평안북도 평양 출생
- 약송보통학교 졸업
- 평양 제2공립중학교 졸업
- 김일성대학 졸업
- 1957년 청호림곤충연구소 창립
- 1971년 국립중앙과학관 생물전문위원 위촉
- 1974년 국립중앙과학관 생물연구실 실장
- 1989년 한국나비학회 고문
- 1994년 제주도자연사박물관 자문위원
- 1996년 식물검역소 곤충분류분야 자문관
- 2000년 함평곤충연구소 상임고문
- 2000년 '잠자리와 환경을 생각하는 모임' 대표
- 한국곤충학회 명예이사
- 한국동물분류학회 이사
- 국제 잠자리학회 회원
- INSECTA KOREANA 편집위원장
- The First Symposium of the SIOROEA(International Symposium Odonatology Regional Office in East Asia) 준비위원장 및 한국지회장

업적 및 자료

- 1971년 국립중앙과학관에 나비 2만여 점, 갑충 1만여 점 기증
- 2002년 세계 희귀잠자리 특별전시회 개최
- 2002년 함평군에 나비 및 곤충표본 5,000종 5만 개체 기증
- 2002년 제1회 국제 동아시아 잠자리 심포지엄 개최
- 1982년 『한국접지(나비 도감)(Butterflies of Korea)』
- 1987년 『한반도 하늘소과 갑충지(The Longicorn Beetles of Korean Peninsula)』
- 2001년 『한반도산 잠자리목 곤충(The Dragonflies of Korean Peninsula(Odonata)』
- 1971~2006년 「한국산 여치목 곤충지」, 「딱정벌레류 곤충지」, 「나비류 보고서」, 「하늘소류 보고서」 등 약 42편의 논문 발표
- 1999년 『버러지와 함께한 50년 외길, 곤충채집가 이승모』
- 1999년 『피카소도 베토벤도 나만큼은 벌레를 못잡지, 평생을 벌레와 함께 산 곤충박사 이승모』
- 2002년 『한국의 파브르, 잠자리 박사 이승모』
- 2003년 『이승모 할아버지 남녘북녘 나비 이야기』
- 2008년 『아무도 알아주지 않아도 내 길을 간다, 이승모(李承模, 1923~2008)』
- 2008년 『곤충의 삶과 함께 했던 이승모 선생님을 추모하며』
- 2009년 『나비박사 이승모, 남녁 북녁은 나비도 다르나요』
- 2009년 『Obituary: Great Odonatologist in Korean Dr. Seung-Mo Lee』

이 책은 故 이승모 선생님께서 남긴 표본 및 자료를 바탕으로 만들었습니다.

차례

국내종

물잠자리과 Calopterygidae

실잠자리과 Coenagrionidae

측범잠자리과 Gomphidae

장수잠자리과 Cordulegasteridae

독수리잠자리과 Chlorogomphidae

청동잠자리과 Corduliidae

잔산잠자리과 Macromiidae

잠자리과 Libellulidae

일본종

물잠자리과 Calopterygidae

실잠자리과 Coenagrionidae

방울실잠자리과 Platycnemididae

이끼살이실잠자리과 Megapodagrionidae

왕잠자리과 Aeshnidae

잠자리의 형태와 생태

외형과 구조

잠자리아목

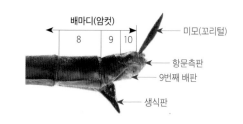

연문(날개무늬)

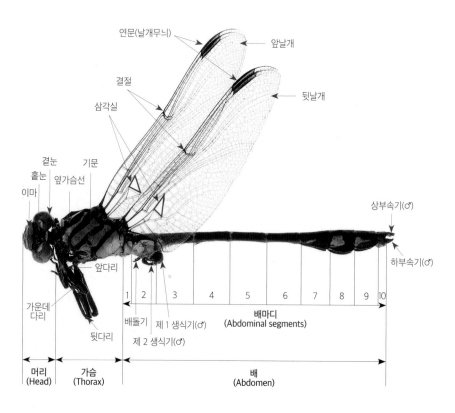

실잠자리아목

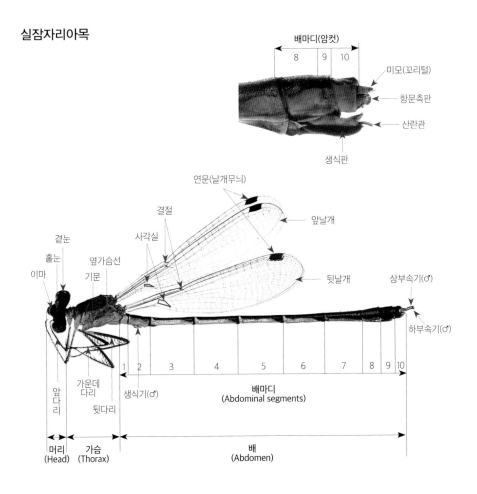

배마디(암컷)
8　9　10
미모(꼬리털)
항문측판
산란관
생식판

연문(날개무늬)
결절
사각실
앞날개
겹눈
홑눈
옆가슴선
뒷날개
상부속기(♂)
이마
기문
하부속기(♂)
1　2　3　4　5　6　7　8　9　10
앞
다
리
가운데
다리
생식기(♂)
배마디
(Abdominal segments)
뒷다리
머리
(Head)
가슴
(Thorax)
배
(Abdomen)

머리(head): 머리는 감각기관과 섭식기능을 할 수 있는 구조로 이루어졌다. 다른 곤충들과는 다르게 움직임이 매우 자유롭고, 360°로 관찰할 수 있는 겹눈(compound eye)이 2개 있다. 실잠자리아목(Zygoptera)은 겹눈이 반달모양에 서로 떨어져 있는 반면, 잠자리아목(Anisoptera)은 일부 과(family)를 제외(예: 측범잠자리과)하고는 원형에 대부분 서로 붙어 있다. 겹눈 안쪽에는 빛의 밝기를 판단하는 홑눈(ocelli) 3개가 삼각형으로 위치하며, 겹눈과 홑눈 사이에 작은 실모양 더듬이(antenna)가 한 쌍 있다. 더듬이는 3~7마디로 구성되지만, 대부분 7마디다. 더듬이는 공기 흐름을 파악하고 온도와 습도를 감지하는 데 이용되며,

먹이 위치를 파악하는 데 중요한 역할을 한다. 머리 아래쪽으로는 하구식(입틀이 아래쪽으로 향하는 형태) 입틀이 있으며, 큰턱(mandible)과 작은턱(maxilla)이 한 쌍씩 있고, 그 아래에 아랫입술(labium)이 있다.

가슴(thorax): 가슴은 세 부위(앞가슴, 가운데가슴, 뒷가슴)로 나뉘며, 각 부위에는 다리가 1쌍씩 연결된다. 가운데가슴(mesothorax)과 뒷가슴(metathorax)은 붙어 있으며, 앞날개와 뒷날개가 연결되어 나타난다. 앞가슴(prothorax)은 상대적으로 작으며, 실잠자리아목은 잠자리아목과 다르게 교미할 때 앞가슴을 이용하기 때문에 길게 변형되었다. 숨을 쉴 수 있는 기문(spiracle)은 가운데가슴과 뒷가슴 옆쪽에 있으며, 다양한 옆가슴 무늬와 선(line)은 속(genus) 또는 종(species)을 구별하는 특징이 된다.

날개(wing): 날개는 2쌍으로 앞날개와 뒷날개가 있다. 실잠자리아목의 날개는 가늘고 길며 매우 연약하고, 청실잠자리과(family Lestidae)를 제외하고는 날개를 일자로 접고 앉는다. 청실잠자리과의 일부 종은 독특하게 날개를 펴고 앉는다. 잠자리아목의 날개는 튼튼하며 두껍고 시맥(vein)이 뚜렷하며, 실잠자리아목과는 다르게 대부분 날개를 앞쪽으로 펴고 앉는다. 날개막(wing membranes)은 매끈하며, 날개 기부에 주요 시맥이 5개 솟았고, 가로 시맥이 복잡하게 연결된다. 시맥은 전역맥(costa), 아전역맥(subcosta), 경맥(radius), 분맥(sector), 중맥(media), 주맥(cubitus), 시둔맥(plical vein), 둔맥(anal vein), 횡맥(crossveins)으로 나뉜다.

다리(leg): 다리는 나뭇가지에 앉아서 휴식을 취하거나 먹이를 잡기 쉬운 구조다. 가장 안쪽의 밑마디(coxa)부터 도래마디(trochanter), 넓적다리마디(femur), 종아리마디(tibia), 발목마디(tarsus)의 5마디로 구성되며, 발목마디는 3마디로 구성되고, 앞에 발톱(claw)이 2개 있다. 넓적다리마디와 종아리마디에는 뾰족한 강모가 있으며, 주로 먹이를 가두거나 날아다니는 곤충을 잡을 때 이용한다. 앞다리 종아리마디에는 작은 가시가 많으며, 눈을 청소해 시야를 깨끗하게 하는 데 이용한다.

배(abdomen): 배에는 종을 구별할 수 있는 독특한 무늬가 있으며, 10마디로 이루어졌다. 가슴에 있는 기문(spiracle) 2쌍과 함께 배에도 기문이 8쌍 나타난다. 형태적으로 실잠자리아목의 배는 가늘고 긴 반면에 잠자리아목은 두껍고 다소 납작하다. 수컷의 제2배마디 밑에는 생식기가 있으며, 짝짓기에 필요한 부속기가 배마디 끝에 다양한 모양으로 나타난다. 임컷은 배마디 끝에 미모(꼬리털)가 있으며, 생식판과 산란관이 있다.

서식처 유형

잠자리의 서식처는 물 흐름이 있는 유수 지역부터 정체되어 있는 논, 습지, 저수지까지 담수생태계에 풍부하게 분포한다. 심지어 해안가의 염분(salinity)이 있는 지역에서도 상당수가 분포하며, 제주도에서는 기생화산이라고 불리는 오름(Oreum)에서도 다양한 잠자리가 서식한다. 유수 지역에서는 물의 흐름, 광합성, 생물학적 산소 요구량(BOD: Biological Oxygen Demand) 등의 영향을 많이 받으며, 정수 지역에서는 먹이자원 및 수생식물과 같은 은신처의 밀도에 따라 다르게 나타난다. 열대 지역보다 우리나라와 같은 온대 지역에서 잠자리의 종수와 개체수가 급감하는 가장 큰 원인으로는 계속되는 개발과 편의시설 이용으로 서식처가 파괴되고 소실되는 것을 꼽을 수 있다. 유수 지역에서는 물잠자리과(Calopterygidae) 및 측범잠자리과(Gomphidae)가 서식하며, 정수 지역에서는 주로 잠자리과(Libellulidae), 실잠자리과(Coenagrionidae), 왕잠자리과(Aeshnidae)가 서식한다.

저수지   하천 상류   습지

논   오름

농수로   하천 하류

생활사

잠자리는 알(egg), 유충(larva), 성충(adult)의 단계를 거치는 불완전변태를 하고, 장수잠자리 같은 일부 대형 종을 제외하고는 생활사가 대부분 1년 1세대이다. 잠자리는 짝짓기가 끝나면 알을 200~1,000개 낳으며, 일주일에서 약 한 달 후 부화해 유충시기를 보낸다. 유충은 대부분 물속에서 생활하며, 작은 곤충이나 물고기를 먹는다. 유충은 여러 번 탈피과정을 거친 뒤 하천의 돌이나 나뭇가지를 붙잡고 물 밖으로 기어 올라와 성충으로 우화한다. 성충은 서늘한 숲이나 산지로 이동하며, 짝짓기 후 산란을 위해 우화했던 서식지로 돌아온다. 된장잠자리와 같은 종은 대륙을 건너기도 한다. 잠자리는 모기나 파리 같은 작은 곤충을 먹지만, 개구리나 새들의 먹이가 되기도 한다.

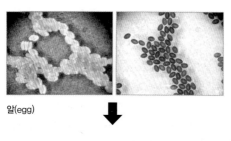

알(egg)

수컷

① 수컷은 정자를 9번째 배마디에서 생산하고 수정하기 위해 2~3번째 배마디로 옮긴다.

유충(larva)　　탈피각(exuviae)

수컷

암컷

② 수컷은 배마디 끝에 있는 부속기로 암컷의 뒷머리를 붙잡고 짝짓기를 위한 비행을 시작한다.

성충(adult)

수컷

암컷

③ 암컷은 배를 구부려 8번째 배마디로 수컷의 2~3번째 배마디에 있는 정자를 받아들여 짝짓기를 시작한다.

잠자리목 계통수

잠자리는 현존하는 원시적 곤충의 한 무리로 선조는 날개 길이가 약 70㎝나 되는 원시 잠자리(Protodonata)로 알려졌다. 린네(1758)가 최초로 잠자리를 지금의 풀잠자리목 (Neuroptera)안에 포함했다. 당시 린네는 횡맥(crossvein)이 여러 개인 목(order)을 풀잠 자리목 안으로 편입했다. 잠자리목의 주요 계통분석은 Needham (1903)이 처음 시행했 으며, 그 후 Munz (1919)와 Fraser (1957)가 잠자리의 시맥(venation) 패턴을 이용해 분 석했다. 1996년에 들어와서 화석자료 14개를 포함해 형태적 형질 자료 96개를 가지고 있 던 Trueman이 분지분석을 수행했으며, 2003년에 Rehn은 전체 122개 형질을 가지고 상 위분류군에 대해 계통수를 작성했다. 20세기에 들어서 형태계통분석으로 해결하지 못한 것을 미토콘드리아(mitochondria)와 핵(nuclear) DNA를 사용해 분자적으로 해결하려 는 연구가 많이 시도되었다. 다양한 상위분류군이 단계통(monophyletic)으로 판별되었 으며, 새로운 족(tribe)과 아과(subfamily)들이 제시되었고, 여러 과(family)들이 다른 상 위분류군으로 편입되었다. 우리나라에서는 1997년에 한국산 좀잠자리속의 계통분류를 시 작으로 2008년, 2011년, 2014년 일부 과(family)에서 형태·분자적 계통분석을 수행했지 만, 아직까지 한반도 전체 잠자리를 분석한 사례는 없어 앞으로 관련 연구가 필요하다. 현 재 잠자리목 계통은 2개 아목(suborder)으로 나누며, 잠자리아목(Anisoptera)은 단계통군 (monophyletic group)으로, 실잠자리아목(Zygoptera)은 측계통군(paraphyletic group)으 로 보고되었다.

* 단계통군(monophyletic group): 하나의 공통 조상에서 진화한 분류군
* 측계통군(paraphyletic group): 분류군 내 구성원의 조상은 같지만, 그 공통 조상의 모든 자손을 포함하지 않는 분류군

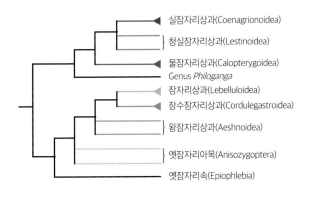

실잠자리상과(Coenagrionoidea)
청실잠자리상과(Lestinoidea)
물잠자리상과(Calopterygoidea)
Genus *Philoganga*
잠자리상과(Lebelluloidea)
장수잠자리상과(Cordulegastroidea)
왕잠자리상과(Aeshnoidea)
옛잠자리아목(Anisozygoptera)
옛잠자리속(Epiophlebia)

2003년 계통수 (Rehn, 2003)

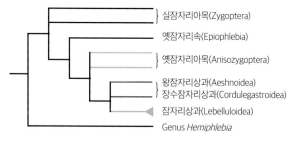

1996년 계통수 (Trueman, 1996)

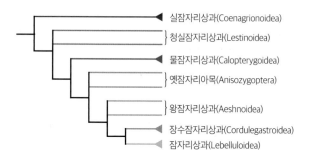

1957년 계통수 (Fraser, 1957)

1919년 계통수 (Munz, 1919)

한국산 잠자리 목록(2아목 11과 56속 122종)

실잠자리아목 ZYGOPTERA

물잠자리과 Calopterygidae
1. 검은물잠자리 *Calopteryx atrata* Selys, 1853 (분포특이종)
2. 물잠자리 *Calopteryx japonica* Selys, 1869
3. 검은날개물잠자리 *Matrona basilaris* (Selys, 1853)
4. 담색물잠자리 *Mnais pruinosa* Selys, 1853

실잠자리과 Coenagrionidae
5. 황등색실잠자리 *Mortonagrion selenion* (Ris, 1916)
6. 참실잠자리 *Coenagrion concinnum* (Johansson, 1859)
7. 시골실잠자리 *Coenagrion ecornutum* (Selys, 1872)
8. 북방청띠실잠자리 *Coenagrion hastulatum* (Charpentier, 1825)
9. 큰실잠자리 *Coenagrion hylas* (Trybom, 1889)
10. 북방실잠자리 *Coenagrion lanceolatum* (Selys, 1872)(국외반출승인대상종)
11. 청동실잠자리 *Nehalennia speciosa* (Charpentier, 1840)
12. 등검은실잠자리 *Paracercion calamorum* (Ris, 1916)
13. 등줄실잠자리 *Paracercion hieroglyphicum* (Brauer, 1865)
14. 작은등줄실잠자리 *Paracercion melanotum* (Selys, 1876)
15. 큰등줄실잠자리 *Paracercion plagiosum* (Needham, 1930) (국외반출승인대상종)
16. 왕등줄실잠자리 *Paracercion sieboldii* (Selys, 1876)
17. 왕실잠자리 *Paracercion v-nigrum* (Needham, 1930)
18. 작은실잠자리 *Aciagrion migratum* (Selys, 1876) (국외반출승인대상종)
19. 알락실잠자리 *Enallagma cyathigerum* (Charpentier, 1840)
20. 북알락실잠자리 *Enallagma desserti* Selys, 1871
21. 아시아실잠자리 *Ischnura asiatica* (Brauer, 1865)
22. 북방아시아실잠자리 *Ischnura elegans* (Van der Linden, 1820)
23. 푸른아시아실잠자리 *Ischnura senegalensis* (Rambur, 1842) (분포특이종)
24. 새노란실잠자리 *Ceriagrion auranticum* Fraeser, 1922 (국외반출승인대상종)
25. 노란실잠자리 *Ceriagrion melanurum* Selys, 1876
26. 연분홍실잠자리 *Ceriagrion nipponicum* Asahina, 1967 (기후변화 생물지표종)

방울실잠자리과 Platycnemididae
27. 자실잠자리 *Copera annulata* (Selys, 1863) (국외반출승인대상종)
28. 큰자실잠자리 *Copera tokyoensis* Asahina, 1948 (국외반출승인대상종)
29. 방울실잠자리 *Platycnemis phyllopoda* Djakonov, 1926

청실잠자리과 Lestidae
30. 북파란실잠자리 *Lestes dryas* Kirby, 1890
31. 좀청실잠자리 *Lestes japonicus* Selys, 1883 (국외반출승인대상종)
32. 청실잠자리 *Lestes sponsa* (Hansemann, 1823) (국외반출승인대상종)
33. 큰청실잠자리 *Lestes temporalis* Selys, 1883 (국외반출승인대상종)
34. 가는실잠자리 *Indolestes peregrinus* (Ris, 1916)
35. 묵은실잠자리 *Sympecma paedisca* (Brauer,1877)

잠자리아목 ANISOPTERA

왕잠자리과 Aeshnidae
36. 별박이왕잠자리 *Aeshna juncea* (Linnaeus, 1758)
37. 애별박이왕잠자리 *Aeshna mixta* Latreille, 1805
38. 참별박이왕잠자리 *Aeshna crenata* Hagen, 1856 (국외반출승인대상종)
39. 큰별박이왕잠자리 *Aeshna nigroflava* Martin, 1908
40. 도깨비왕잠자리 *Anaciaeschna martini* (Selys, 1897)
41. 왕잠자리 *Anax parthenope julius* Brauer, 1865
42. 먹줄왕잠자리 *Anax nigrofasciatus* Oguma, 1915
43. 남방왕잠자리 *Anax guttatus* (Burmeister, 1839)
44. 잘록허리왕잠자리 *Gynacantha japonica* Bartenef, 1909
45. 황줄왕잠자리 *Polycanthagyna melanictera* (Selys, 1883)
46. 큰무늬왕잠자리 *Aeschnophlebia anisoptera* Selys, 1883 (분포특이종)
47. 긴무늬왕잠자리 *Aeschnophlebia longistigma* Selys, 1883
48. 개미허리왕잠자리 *Boyeria maclachlani* (Selys, 1883)
49. 한라별왕잠자리 *Sarasaeschna pryeri* (Martin, 1909)

측범잠자리과 Gomphidae
50. 마아키측범잠자리 *Anisogomphus maacki* (Selys, 1872)

51. 노란배측범잠자리 *Asiagomphus coreanus* (Doi and Okumura, 1937) (한국 고유종, 국외반출승인대상종)

52. 산측범잠자리 *Asiagomphus melanopsoides* (Doi, 1943) (한국 고유종, 국외반출승인대상종)

53. 노란산측범잠자리 *Asiagomphus pryeri* (Selys, 1883)

54. 자루측범잠자리 *Burmagomphus collaris* (Needham, 1929)

55. 쇠측범잠자리 *Davidius lunatus* (Bartenef, 1914) (국외반출승인대상종)

56. 검은얼굴쇠측범잠자리 *Davidius nanus* (Selys, 1869)

57. 검은쇠측범잠자리 *Davidius fujiama* Fraser, 1936

58. 작은쇠측범잠자리 *Davidius moiwanus* (Matsumura and Okumura, 1935)

59. 어리측범잠자리 *Shaogomphus postocularis epophthalmus* (Selys, 1872)

60. 호리측범잠자리 *Stylurus annulatus* (Djakonov, 1926)

61. 안경잡이측범잠자리 *Stylurus oculatus* (Asahina, 1949)

62. 가시측범잠자리 *Trigomphus citimus* (Needham, 1931)

63. 애측범잠자리 *Trigomphus melampus* (Selys, 1869)

64. 검정측범잠자리 *Trigomphus nigripes* (Selys, 1887)

65. 꼬마측범잠자리 *Nihonogomphus minor* Doi, 1943 (한국 고유종, 국외반출승인대상종)

66. 고려측범잠자리 *Nihonogomphus ruptus* (Selys, 1857)

67. 노란측범잠자리 *Lamelligomphus ringens* (Needham,1930) (국외반출승인대상종)

68. 측범잠자리 *Ophiogomphus obscurus* Bartenef, 1909

69. 어리장수잠자리 *Sieboldius albardae* Selys, 1886

70. 어리부채장수잠자리 *Gomphidia confluens* Selys, 1878

71. 부채장수잠자리 *Sinictinogomphus clavatus* (Fabricius, 1775)

장수잠자리과 Cordulegasteridae

72. 장수잠자리 *Anotogaster sieboldii* (Selys, 1854)

독수리잠자리과 Chlorogomphidae

73. 독수리잠자리 *Chlorogomphus brunneus* Oguma, 1926

청동잠자리과 Corduliidae

74. 청동잠자리 *Cordulia aenea* (Linnaeus, 1758)

75. 언저리잠자리 *Epitheca marginata* (Selys, 1883)

76. 북방잠자리 *Somatochlora alpestris* (Selys, 1840)

77. 밑노란잠자리붙이 *Somatochlora arctica* (Zetterstedt, 1840)

78. 백두산북방잠자리 *Somatochlora clavata* Oguma, 1913

79. 밑노란잠자리 *Somatochlora graeseri* Selys, 1887

80. 북해도북방잠자리 *Somatochlora japonica* Matsumura, 1911

81. 참북방잠자리 *Somatochlora metallica* (Van der Linden, 1825)

82. 삼지연북방잠자리 *Somatochlora viridiaenea* (Uhler, 1858)

잔산잠자리과 Macromiidae

83. 산잠자리 *Epophthalmia elegans* (Brauer, 1865)

84. 잔산잠자리 *Macromia amphigena* Selys, 1871

85. 노란잔산잠자리 *Macromia daimoji* Okumura, 1949 (멸종위기야생동식물 II급, 분포특이종)

86. 만주잔산잠자리 *Macromia manchurica* Asahina, 1964

잠자리과 Libellulidae

87. 꼬마잠자리 *Nannophya pygmaea* Rambur, 1842 (멸종위기야생동식물 II급, 분포특이종)

88. 진주잠자리 *Leucorrhinia dubia* Van der Linden, 1825

89. 큰진주잠자리 *Leucorrhinia intermedia* Bartenef, 1912

90. 대모잠자리 *Libellula angelina* Selys, 1883 (멸종위기야생동식물 II급, 국외반출승인대상종)

91. 넉점박이잠자리 *Libellula quadrimaculata* Linnaeus, 1758

92. 배치레잠자리 *Lyriothemis pachygastra* (Selys, 1878)

93. 밀잠자리 *Orthetrum albistylum* (Selys, 1848)

94. 중간밀잠자리 *Orthetrum japonicum* (Uhler, 1858)

95. 홀쭉밀잠자리 *Orthetrum lineostigma* (Selys, 1886)

96. 큰밀잠자리 *Orthetrum melania* (Selys, 1883)

97. 고추잠자리 *Crocothemis servilia* (Drury, 1773)

98. 밀잠자리붙이 *Deielia phaon* (Selys, 1883)

99. 산깃동잠자리 *Sympetrum baccha* (Selys, 1884) (국외반출승인대상종)

100. 긴꼬리고추잠자리 *Sympetrum cordulegaster* (Selys, 1883)

101. 노란잠자리 *Sympetrum croceolum* (Selys, 1883))

102. 검정좀잠자리 *Sympetrum danae* (Sulzer, 1776)

103. 여름좀잠자리 *Sympetrum darwinianum* Selys, 1883

104. 두점박이좀잠자리 *Sympetrum eroticum* (Selys, 1883)

105. 고추좀잠자리 *Sympetrum frequens* (Selys, 1883)

106. 붉은좀잠자리 *Sympetrum flaveolum* (Linnaeus, 1758)

107. 두점배좀잠자리 *Sympetrum fonscolombii* (Selys, 1840)

108. 깃동잠자리 *Sympetrum infuscatum* (Selys, 1883)

109. 흰얼굴좀잠자리 *Sympetrum kunckeli* (Selys, 1884)

110. 온수평좀잠자리 *Sympetrum onsupyongensis* Hong and Hwang, 1999

111. 애기좀잠자리 *Sympetrum parvulum* (Bartenef, 1912)

112. 날개띠좀잠자리 *Sympetrum pedemontanum elatum* (Selys, 1872)

113. 보천보좀잠자리 *Sympetrum pochonboensis* Lee and Hong, 2001

114. 들깃동잠자리 *Sympetrum risi* Bartenef, 1914

115. 하나잠자리 *Sympetrum speciosum* Oguma, 1915 (기후변화 생물지표종)

116. 대륙좀잠자리 *Sympetrum striolatum* (Charpentier, 1840) (기후변화 생물지표종)

117. 진노란잠자리 *Sympetrum uniforme* (Selys, 1883)

118. 노란허리잠자리 *Pseudothemis zonata* (Burmeister, 1839)

119. 점박이잠자리 *Tholymis tillarga* (Fabricius, 1798)

120. 나비잠자리 *Rhyothemis fuliginosa* Selys, 1883

121. 된장잠자리 *Pantala flavescens* (Fabricius, 1798)

122. 날개잠자리 *Tramea virginia* (Rambur, 1842)

한국산 잠자리목의 적색목록 등급 및 기후변화 생물지표종

한국산 잠자리목의 적색목록 선정은 국내외에서 발표된 보고서, 논문, 학회지 등을 참고하며, 세계자연보전연맹(IUCN) 지역적색목록 범주 및 기준에 따라 평가대상종의 등급을 결정한다. 잠자리목(Odonata)에서는 총 8과 15종이 선정되었으며, 각각 취약(VU), 준위협(NT), 위기(EN)의 범주로 판별되었다.

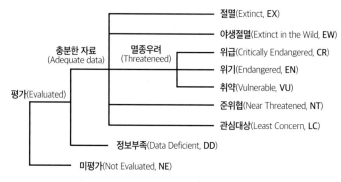

IUCN 적색목록 범주

취약(VU)은 야생에서 심각한 절멸 위기에 직면한 것으로 간주되는 상태를 말하며, 준위협(NT)은 가까운 장래에 멸종우려 범주 중 하나에 근접하거나 멸종우려 범주 중 하나로 평가될 수 있는 상태, 위기(EN)는 야생에서 아주 심각한 절멸 위기에 직면한 상태를 의미한다.

국명	학명	적색목록 등급
1. 큰등줄실잠자리	*Paracercion plagiosum* (Needham, 1930)	취약(VU)
2. 왕등줄실잠자리	*Paracercion sieboldii* (Selys, 1876)	취약(VU)
3. 큰자실잠자리	*Copera tokyoensis* Asahina, 1948	준위협(NT)
4. 큰청실잠자리	*Lestes temporalis* Selys, 1883	준위협(NT)
5. 별박이왕잠자리	*Aeshna juncea* (Linnaeus, 1758)	준위협(NT)
6. 애별박이왕잠자리	*Aeshna mixta* Latreille, 1805	준위협(NT)
7. 큰무늬왕잠자리	*Aeschnophlebia anisoptera* Selys, 1883	준위협(NT)
8. 개미허리왕잠자리	*Boyeria maclachlani* (Selys, 1883)	취약(VU)
9. 노란배측범잠자리	*Asiagomphus coreanus* (Doi and Okumura, 1937)	취약(VU)
10. 산측범잠자리	*Asiagomphus melanopsoides* (Doi, 1943)	취약(VU)
11. 꼬마측범잠자리	*Nihonogomphus minor* Doi, 1943	준위협(NT)
12. 참북방잠자리	*Somatochlora metallica* (Van der Linden, 1825)	준위협(NT)
13. 노란잔산잠자리	*Macromia daimoji* Okumura, 1949	위기(EN)
14. 꼬마잠자리	*Nannophya pygmaea* Rambur, 1842	취약(VU)
15. 대모잠자리	*Libellula angelina* Selys, 1883	위기(EN)

멸종위기종(Endangered species)

멸종위기종은 자연적 또는 인위적인 위협요인 때문에 개체수가 급격하게 감소하거나 가까운 장래에 절멸될 위기에 처한 생물을 말한다. 법으로 지정해 보호 및 관리하는 법정보호종으로 현재 멸종위기야생동식물Ⅰ급과 Ⅱ급으로 나누어 지정, 관리하고 있다. 현재 총 246종이 선정되었으며, 이 중 곤충은 22종이고, 잠자리목은 3종이 멸종위기야생동식물Ⅱ급으로 선정되었다. 멸종위기야생동식물Ⅱ급은 현재의 위협요인이 완화되거나 제거되지 않을 경우 가까운 장래에 멸종위기에 처할 우려가 있는 종을 가리킨다. 멸종위기종에 관한 금지조항 및 의무사항을 위반할 경우 최대 5,000만원의 벌금형 또는 7년까지 징역형에 처할 수 있다.

1. 꼬마잠자리 *Nannophya pygmaea* Rambur, 1842
2. 대모잠자리 *Lebellula angelina* Selys, 1883
3. 노란잔산잠자리 *Macromia daimoji* Okumura, 1949

꼬마잠자리(*N. pygmaea*)는 세계에서 가장 작은 잠자리로 알려졌으며, 열대 지방에도 분포하지만 우리나라의 분포지가 최북단 서식처로 알려졌다. 대부분 수심이 얕은 산지 습지에 서식하는 것으로 알려졌으나, 도시화 및 산업화로 말미암아 서식처 및 개체수가 급격하게 감소하는 추세다.

대모잠자리(*L. angelina*)는 갈대가 많은 연못이나 습지에 분포하지만 현재 갈대습지가 꾸준히 개발되고 있어 개체수 감소가 우려된다.

노란잔산잠자리(*M. daimoji*)는 대형 종으로 개체수가 적은 희귀종이지만, 인위적인 하천 개발로 서식처가 파괴되어 개체수가 감소하고 있다.

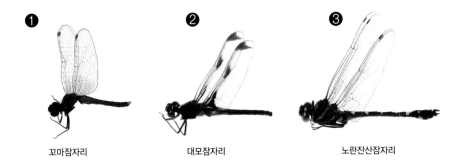

❶ 꼬마잠자리　　　　❷ 대모잠자리　　　　❸ 노란잔산잠자리

기후변화 생물지표종(CBIS: Climate-sensitive Biological Indicator Species)

기후변화 생물지표종은 한반도의 기후변화에 영향을 미치는 생물종을 선별해 효율적인 감시 및 예측방법을 마련하고자 지정되었다. 국내에서는 100종(2010년)이 선정되었으며, 이

중 곤충은 21종이고, 잠자리목은 4종이 있다. 기후변화로 계절활동, 분포지역 및 개체군 크기 변화가 뚜렷하거나 뚜렷할 것으로 예상되어 지표화해 정부에서 지속적인 조사 및 관리가 필요한 종으로 정의하고 있다. 제시하는 잠자리 4종은 온난화로 서식지가 넓어지거나, 우리나라에서 멸종 또는 사라질 것으로 예상되는 대표적인 종이다.

1. 북방아시아실잠자리 *Ischnura elegans* (Van der Linden, 1820)
2. 연분홍실잠자리 *Ceriagrion nipponicum* Asahina, 1967
3. 하나잠자리 *Sympetrum speciosum* Oguma, 1915
4. 대륙좀잠자리 *Sympetrum striolatum* (Charpentier, 1840)

북방아시아실잠자리(*I. elegans*)는 현재 중부 및 남부에서는 관찰되지 않는 북방계 종으로 기후변화 탓에 서식지가 북쪽으로 축소 또는 우리나라에서 관찰이 어려울 수도 있다.
연분홍실잠자리(*C. nipponicum*)는 남쪽에서 개체수가 풍부한 남방계 종이지만 2010년 이후로 중·북부 지역에서 소수 개체수가 관찰되면서 향후 이러한 지역에서 개체수가 증가할 것으로 예상된다.
하나잠자리(*S. speciosum*)는 중·남부 지역에 주로 분포하지만 현재 중·북부까지 확산되는 추세이다.
대륙좀잠자리(*S. striolatum*)는 우리나라 전역에 분포하나 남부 지역으로 내려갈수록 개체수가 급감하는 종으로 기후변화로 말미암아 밀도 변화가 예상된다.

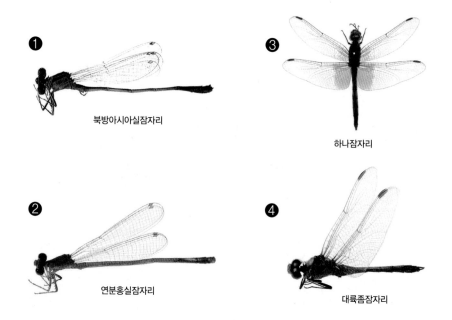

❶ 북방아시아실잠자리

❸ 하나잠자리

❷ 연분홍실잠자리

❹ 대륙좀잠자리

국내종

검은물잠자리

Calopteryx atrata Selys, 1853

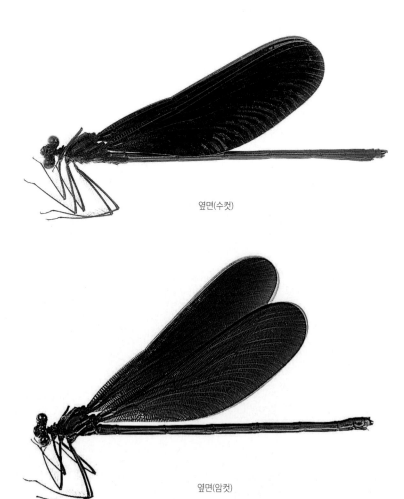

옆면(수컷)

옆면(암컷)

형태 특징

수컷의 날개는 검정색, 가슴과 배는 청록색이며, 금속성 광택으로 빛난다. 날개는 모두 긴 타원형이다. 암컷의 날개는 옅은 흑갈색이고, 가슴과 배는 흑갈색이나 광택이 나지 않는 다. 암컷과 수컷 모두 날개에 연문(날개무늬)이 없다.

생태 특징

기온이 떨어지기 시작하면 산의 임도와 낭떠러지 부근 양지바른 곳의 나뭇가지에 머리를 붙이고 가슴과 배가 90도가 되게끔 해서 앉아 겨울을 난다. 보호색 때문에 그 모습이 꼭 작은 나뭇가지처럼 보이며, 눈이 오면 온몸에 흰 눈이 수북이 쌓인 채로 겨울을 나는 개체 도 관찰된다. 유충은 평지와 야산의 방죽, 연못, 물웅덩이 등에 살며, 성충의 수명은 거의 1년이다.

국내 분포 전국
국외 분포 일본, 중국, 인도
특이 사항 분포특이종

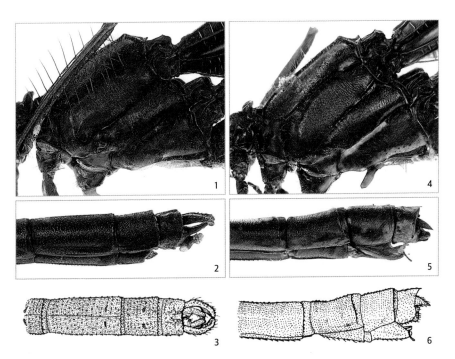

1 옆가슴(수컷) 2 교미부속기(수컷) 3 교미부속기 윗면(수컷) 4 옆가슴(암컷) 5 교미부속기(암컷) 6 교미부속기 옆면(암컷)

물잠자리

Calopteryx japonica Selys, 1869

윗면(수컷)　　　　　　　　　　　옆면(수컷)

윗면(암컷)　　　　　　　　　　　옆면(암컷)

형태 특징

몸 크기는 약 55㎜이며, 수컷과 암컷의 날개는 검은색이고 다소 넓다. 암컷의 날개에는 흰색 연문(날개무늬)이 있지만 수컷의 날개에는 없다. 날개 색상에는 다소 변이가 있다. 수컷은 전체적으로 푸른색을 띠며, 암컷은 다소 연한 푸른색을 띤다. 수컷의 상부속기는 하부속기보다 다소 길며, 끝이 무디다. 교미부속기 안쪽에 뾰족한 돌기가 있고, 하부속기는 긴 삼각형으로 안쪽에 뾰족한 돌기가 있다.

생태 특징

중부와 북부 산지를 제외한 한반도 각지에 분포하는 북방계 종이다. 주로 평지나 구릉지의 수생식물이 있는 청류수역에 서식하며, 5월부터 날개가 돋아 7월 말까지 볼 수 있으며, 발생수역을 멀리 떠나지 않는다.

국내 분포 전국
국외 분포 일본, 중국, 동시베리아

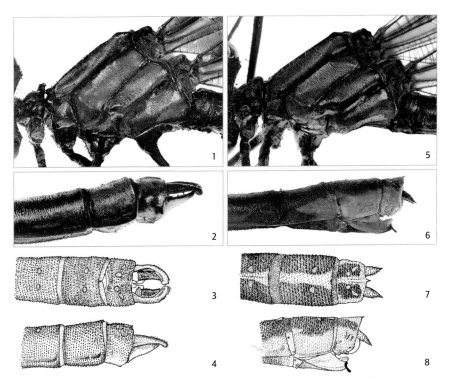

1 옆가슴(수컷) 2 교미부속기(수컷) 3 교미부속기 윗면(수컷) 4 교미부속기 옆면(수컷) 5 옆가슴(암컷) 6 교미부속기(암컷) 7 교미부속기 윗면(암컷) 8 교미부속기 옆면(암컷)

검은날개물잠자리
Matrona basilaris (Selys,1853)

형태 특징

크기는 약 55㎜이며, 전체적으로 검은물잠자리와 비슷한 형태이다. 수컷의 가슴과 배는
금속광택이 나는 녹색이며, 배 길이는 55~59㎜이고, 뒷날개 길이는 39~43㎜이다. 날개는
금속광택이 나는 남색이며, 암컷은 날개를 포함해 전체적으로 검은색이다. 수컷의 상부속
기는 가늘고 길며, 끝이 무디다. 하부속기는 상부속기보다 작으며, 위쪽으로 휘어져 나타
난다.

생태 특징

남한 기록은 없으며, 현재 북한에서만 나타나는 종으로 알려진다. 성충은 3월 말부터 12월
까지 관찰된다. 비행하면서 화려한 날개를 과시하는 수컷의 공격을 쉽게 볼 수 있다. 암컷
은 혼자서 하천가의 식물 줄기, 뿌리, 물에 잠긴 잎에 산란한다.

국내 분포 북한
국외 분포 중국, 베트남, 미얀마, 인도

옆면(수컷)

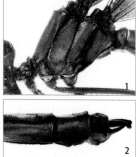

1 옆가슴(수컷) 2 교미부속기(수컷)

담색물잠자리
Mnais pruinosa Selys, 1853

형태 특징

크기는 약 55㎜이며, 전체적으로 밝은 푸른색을 띤다. 수컷과 암컷의 날개는 모두 투명하며, 수컷은 주황색 연문(날개무늬), 암컷은 흰색 연문(날개무늬)이 있는 것이 특징이다. 수컷의 배 길이는 37~48㎜이며, 암컷은 33~43㎜이다. 암컷 및 수컷의 뒷날개 길이는 30~40㎜로 비슷하다. 수컷은 금속광택이 강한 녹색이며, 암컷은 구릿빛이다.

생태 특징

일본학자 도이(Doi)가 1933년 제주도산을 보고한 바 있으나 1960년 이후 지금까지 국내에서는 확인되지 않고 있다. 생물지리학적인 측면에서도 분포 여부는 불분명하므로 국내의 기록은 오동정이거나 일시적인 외래종일 것으로 추정한다. 일본의 보고에 따르면 성충은 맑은 계류 지역에서 5~7월까지 관찰된다.

국내 분포 중부, 남부
국외 분포 일본

옆면(수컷)

옆면(암컷)

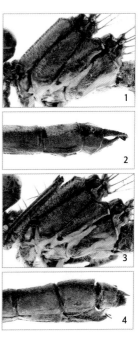

1 옆가슴(수컷) **2** 교미부속기(수컷)
3 옆가슴(암컷) **4** 교미부속기(암컷)

황등색실잠자리

Mortonagrion selenion (Ris, 1916)

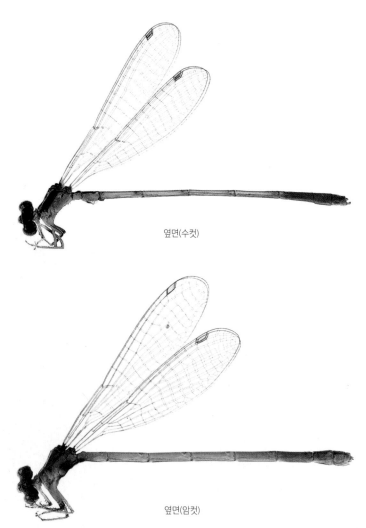

옆면(수컷)

옆면(암컷)

형태 특징

크기는 약 22mm로 실잠자리 중에서 작은 편이다. 수컷의 가슴은 바탕이 황록색이고 여기에 검은색 세로줄무늬가 있으며, 암컷의 가슴은 연한 녹색이고 줄무늬가 없다. 수컷의 배 끝은 짙은 주황색이며, 암컷은 다소 연한 주황색이나 푸른색이다. 배 길이는 18~24mm이며, 뒷날개 길이는 12~17mm이다. 수컷의 상부속기는 짧고, 하부속기는 상부속기의 약 2배이며, 몽똑하다.

생태 특징

성충은 평지나 사구지의 습지에서 4월 하순부터 출현해 9월 초순까지 관찰된다. 여름에 출현한 개체는 현저하게 크기가 작다.

국내 분포 전국
국외 분포 일본, 대만, 중국, 러시아

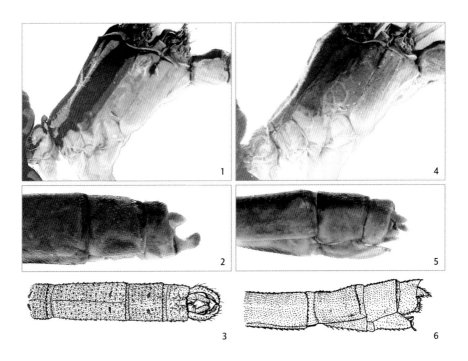

1 옆가슴(수컷) **2** 교미부속기(수컷) **3** 교미부속기 윗면(수컷) **4** 옆가슴(암컷) **5** 교미부속기(암컷) **6** 교미부속기 옆면(암컷)

참실잠자리

Coenagrion concinnum (Johansson, 1859)

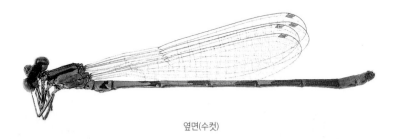

옆면(수컷)

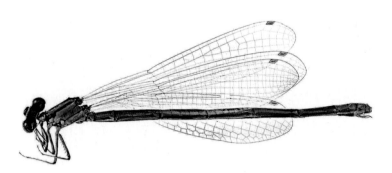

옆면(암컷)

형태 특징

크기는 약 34㎜이며, 수컷의 배 길이는 24~26㎜, 암컷은 22~25㎜이다. 수컷의 뒷날개 길이는 18~21㎜이며, 암컷은 19~23㎜이다. 전체적으로 밝은 황갈색이며, 푸른색과 검은색이 번갈아 나타나는 것이 특징이다. 수컷은 전체적으로 청색 빛이 강하며, 암컷은 어두운 빛이 강하다. 배는 어두운 갈색이며, 암컷의 배 끝부분은 밝은 황갈색이다.

생태 특징

대부분 중부와 북부 지역에 분포하는 북방 계열로, 일부 남부 지방의 고도가 높은 습지에서 드물게 관찰된다.

국내 분포 전국
국외 분포 중국, 러시아, 시베리아, 스칸디나비아

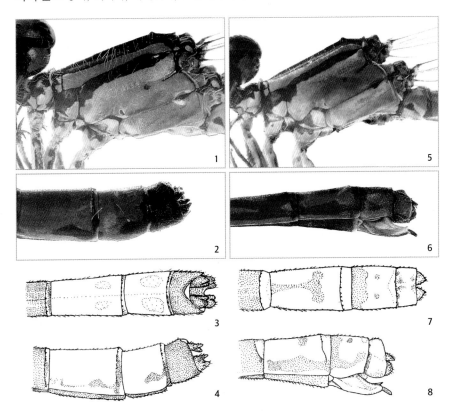

1 옆가슴(수컷) 2 교미부속기(수컷) 3 교미부속기 윗면(수컷) 4 교미부속기 옆면(수컷) 5 옆가슴(암컷) 6 교미부속기(암컷)
7 교미부속기 윗면(암컷) 8 교미부속기 옆면(암컷)

시골실잠자리
Coenagrion ecornutum (Selys,1872)

형태 특징
크기는 약 33㎜로, 암컷과 수컷은 크기가 같으며, 배 길이는 23~26㎜, 뒷날개 길이는 16~19㎜이다. 수컷은 밝은 청록색에 검은색 무늬가 있다. 암컷은 흙색 바탕에 수컷과 비슷한 청록색 또는 황록색 무늬가 있다.

생태 특징
중부와 북부 지역의 한랭한 늪이나 습지에 서식하며, 성충은 6, 7월에 관찰된다. 텃세권을 형성하지 않고, 암컷이 산란할 때 수컷은 산란경호를 한다.

국내 분포 중부, 북부
국외 분포 일본, 중국, 러시아, 시베리아, 스칸디나비아

옆면(수컷)

옆면(암컷)

1 옆가슴(수컷) 2 교미부속기(수컷) 3 옆가슴(암컷) 4 교미부속기(암컷)

큰실잠자리

Coenagrion hylas (Trybom, 1889)

형태 특징
수컷의 배 길이는 30~34㎜이며, 암컷은 27~32㎜이다. 수컷의 뒷날개 길이는 22~26㎜이며, 암컷은 23~28㎜이다. 수컷은 청백색에 검은색 무늬가 있으며, 암컷은 흙색 바탕에 수컷과 비슷한 푸른색과 황록색 무늬가 있다.

생태 특징
한랭성 종으로 한반도 중부 및 북부 산지에 국지적으로 분포한다. 수생식물이 있는 늪에 서식하며, 성충은 4월 하순부터 7월까지 관찰된다.

국내 분포 북쪽
국외 분포 일본, 중국, 사할린, 시베리아, 몽골, 독일

옆면(수컷)

1 옆가슴(수컷) 2 교미부속기(수컷)

북방실잠자리

Coenagrion lanceolatum (Selys, 1872)

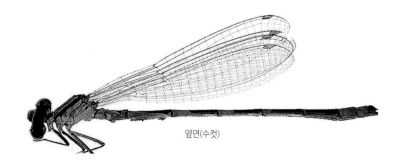

옆면(수컷)

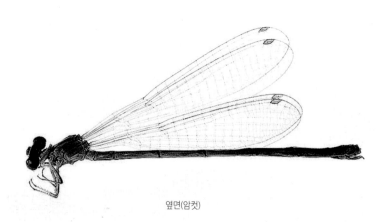

옆면(암컷)

형태 특징

암컷과 수컷의 색깔이 다르며, 크기는 약 42㎜로 실잠자리 중에서 대형 종이다. 수컷은 밝은 푸른색에 검은색 무늬가 있으며, 암컷은 황록색에 검은 무늬가 있으나, 수컷처럼 푸른색인 개체도 있다. 수컷의 배 길이는 26~29㎜이며, 암컷은 24~29㎜이다. 수컷의 뒷날개 길이는 18~21㎜이고, 암컷은 19~24㎜이다. 수컷의 상부속기는 하부속기보다 작으며, 부속기 끝이 뾰족하고 안쪽으로 휘어진다.

생태 특징

유충은 수생식물이 풍부한 연못 및 습지의 정수 지역에서 서식한다. 성충은 주로 온도가 낮고 습한 연못에 나타나는 북방 계열 종으로, 6, 7월에 출현하며, 유충으로 월동한다.

국내 분포 중부, 북부
국외 분포 일본, 중국, 사할린, 시베리아 동부, 중앙아시아
특이 사항 국외반출승인대상종

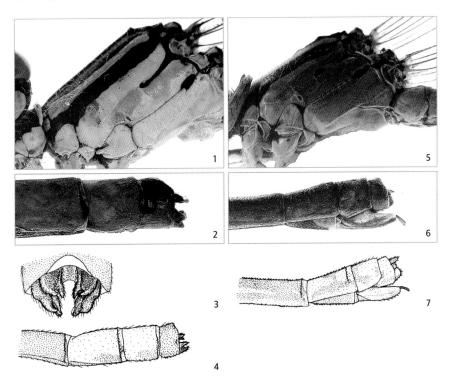

1 옆가슴(수컷) 2 교미부속기(수컷) 3 교미부속기 윗면(수컷) 4 교미부속기 옆면(수컷) 5 옆가슴(암컷) 6 교미부속기(암컷)
7 교미부속기 옆면(암컷)

등검은실잠자리

Paracercion calamorum (Ris, 1916)

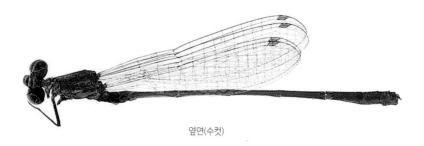

옆면(수컷)

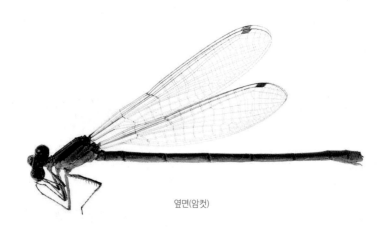

옆면(암컷)

형태 특징

수컷의 배 길이는 21~27㎜이며, 암컷은 22~29㎜이다. 수컷의 뒷날개 길이는 15~22㎜이며, 암컷은 16~24㎜이다. 암컷 및 수컷의 가슴은 기본적으로 회백색을 띠는 푸른색이지만, 암컷은 푸른색 또는 녹색 등 색채 변이가 나타난다.

생태 특징

한반도 각지와 백령도, 울릉도, 제주도 등과 같은 섬에도 분포하는 흔한 종이다. 평지나 구릉지의 정수식물이나 부엽식물이 있는 늪, 호수 등에 서식하며, 논이나 용수로 등에서도 관찰된다. 성충은 6~9월까지 관찰된다.

국내 분포 전국
국외 분포 일본, 중국, 인도

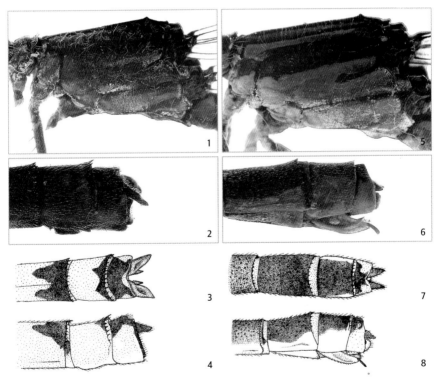

1 옆가슴(수컷) 2 교미부속기(수컷) 3 교미부속기 윗면(수컷) 4 교미부속기 옆면(수컷) 5 옆가슴(암컷) 6 교미부속기(암컷)
7 교미부속기 윗면(암컷) 8 교미부속기 옆면(암컷)

등줄실잠자리

Paracercion hieroglyphicum (Brauer, 1865)

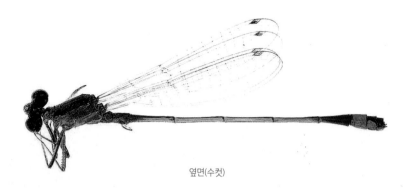

옆면(수컷)

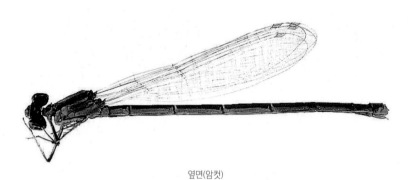

옆면(암컷)

형태 특징

수컷은 옆 가슴이 짙은 녹색이지만 무늬는 전혀 없고, 암컷은 옅은 녹색이며, 배 밑은 황록색이다. 등검은실잠자리속 중에서는 검은색이 가장 옅고, 오히려 녹색이 강하게 나타나 다른 종류들과 쉽게 구별된다. 암컷과 수컷 모두 배마디 윗면 중앙에 검은색 세로줄무늬가 있고, 7, 9배마디에 푸른색 무늬가 있다.

생태 특징

교미가 끝난 암수는 연결한 채로 날아다니며, 적당한 산란 장소를 찾아 암컷이 식물의 줄기 속에 산란관을 넣고 산란하는데, 이때 이들의 몸무게 탓에 식물이 물속으로 잠기기라도 하면 암컷은 그대로 잠수해서 산란하기도 한다. 유충은 평지의 늪, 저수지, 농수로, 하천변에서 관찰된다.

국내 분포 전국
국외 분포 일본, 중국

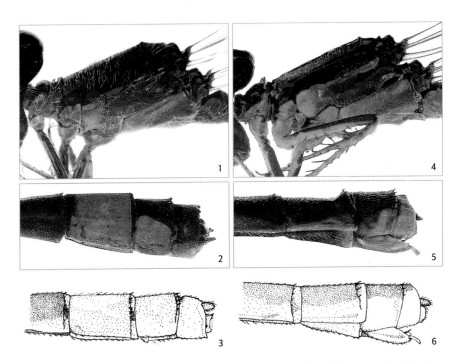

1 옆가슴(수컷) 2 교미부속기(수컷) 3 교미부속기 옆면(수컷) 4 옆가슴(암컷) 5 교미부속기(암컷) 6 교미부속기 옆면(암컷)

작은등줄실잠자리
Paracercion melanotum (Selys, 1876)

형태 특징
크기는 약 34㎜로 수컷의 배 길이는 21~25㎜이며, 암컷은 22~27㎜이다. 수컷의 뒷날개 길이는 13~17㎜이며, 암컷은 15~18㎜이다. 수컷은 청색 바탕에 배 위에는 검은색 무늬가 있으며, 암컷은 전체적으로 황록색 바탕에 검은색 무늬가 있다. 수컷의 상부속기는 하부속기의 약 1/2 크기로 작고, 직사각형이다.

생태 특징
주로 낮은 지역의 다양한 수초가 있는 습지, 수로, 논 등에 서식하며, 해안가 근처에도 나타난다. 성충은 4~11월까지 관찰된다.

국내 분포 중부, 남부, 제주도
국외 분포 중국

옆면(수컷)

옆면(암컷)

1 옆가슴(수컷) **2** 교미부속기(수컷) **3** 옆가슴(암컷) **4** 교미부속기(암컷)

큰등줄실잠자리

Paracercion plagiosum (Needham, 1930)

형태 특징

크기는 약 42㎜로 수컷의 배 길이는 29~35㎜, 암컷은 30~27㎜이다. 수컷의 뒷날개 길이는 21~26㎜이며, 암컷은 22~27㎜이다. 수컷은 밝은 푸른색이며, 암컷은 녹색이다. 홑눈 주위에 검은색 줄무늬가 나타나는 것이 특징이다. 수컷의 상부속기는 하부속기에 비해 매우 길며, 끝은 몽똑한 삼각형이다.

생태 특징

실잠자리속 중 대형 종이며 중부 및 남부 지역에 산발적으로 분포하는 종으로 추정된다. 정수식물이 많은 늪에 서식하며, 성충은 5~9월까지 관찰된다.

국내 분포 중부
국외 분포 일본, 중국
특이 사항 국외반출승인대상종

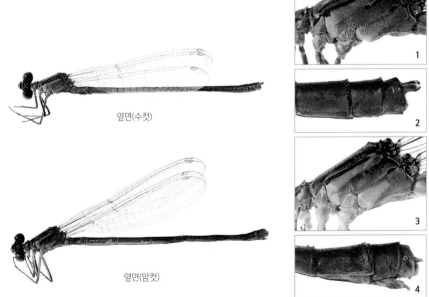

옆면(수컷)

옆면(암컷)

1 옆가슴(수컷) 2 교미부속기(수컷) 3 옆가슴(암컷) 4 교미부속기(암컷)

왕실잠자리

Paracercion v-nigrum (Needham, 1930)

옆면(수컷)

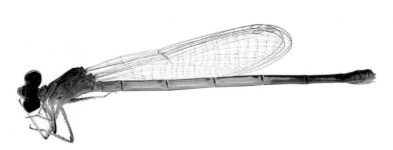

옆면(암컷)

형태 특징
크기는 약 34mm로 수컷의 배 길이는 21~29mm이며, 암컷은 19~31mm이다. 수컷의 뒷날개 길이는 15~20mm이며, 암컷은 17~24mm이다. 수컷은 밝은 푸른색을 띠며, 암컷은 황록색을 띤다. 수컷의 8~10배마디는 푸른색을 띠며, 8배마디에 검은색으로 'V' 자 모양이 나타난다.

생태 특징
전국적으로 나타나지만 중부 및 남부 지역에서 주로 채집된다. 수생식물이 있는 늪에 서식하며, 성충은 5~9월까지 관찰된다.

국내 분포 전국
국외 분포 중국, 러시아

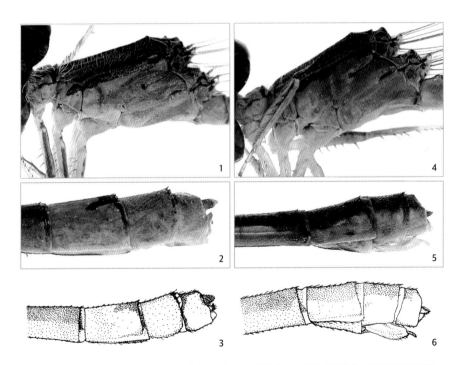

1 옆가슴(수컷) **2** 교미부속기(수컷) **3** 교미부속기 옆면(수컷) **4** 옆가슴(암컷) **5** 교미부속기(암컷) **6** 교미부속기 옆면(암컷)

작은실잠자리
Aciagrion migratum (Selys, 1876)

형태 특징
색체변이가 나타나는 종으로, 여름형의 배 길이는 24~26㎜이며, 뒷날개는 15~17㎜이다. 월동형은 배 길이가 28~31㎜이며, 뒷날개는 18~22㎜로 여름형보다 크다. 여름형 수컷은 녹색에서 밝은 푸른색이며, 암컷은 황갈색에 검은 줄무늬가 있다.

생태 특징
성충으로 월동하는 남방계 종으로 알려졌으며, 식물 조직 내에 산란한다.

국내 분포 남부, 제주도
국외 분포 일본, 중국, 대만
특이 사항 국외반출승인대상종

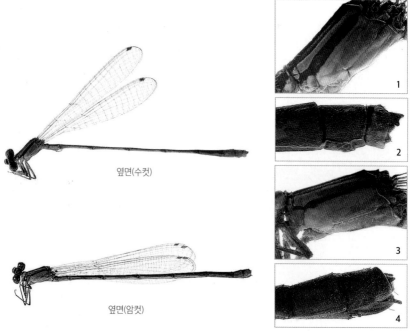

옆면(수컷)

옆면(암컷)

1 옆가슴(수컷) **2** 교미부속기(수컷) **3** 옆가슴(암컷) **4** 교미부속기(암컷)

알락실잠자리

Enallagma cyathigerum (Charpentier, 1840)

형태 특징

전체적으로 파란색과 검은색을 띤다. 앞가슴 윗면에 가는 청록색 줄무늬가 2줄 있으며, 옆가슴에는 검은색 줄무늬가 하나 있다. 8, 9배마디 끝은 푸른색이며, 교미부속기는 짧다.

생태 특징

한반도 북부 지역에서 기록이 있지만, 남부 지역 채집기록은 없다. 북방계 종인 것을 제외하고는 아직까지 알려진 것이 거의 없다.

국내 분포 북한
국외 분포 중국, 유럽, 북미, 인도

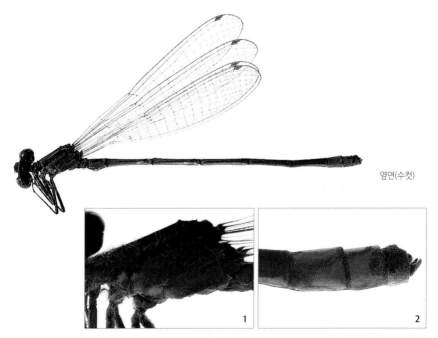

옆면(수컷)

1 옆가슴(수컷) 2 교미부속기(수컷)

아시아실잠자리

Ischnura asiatica (Brauer, 1865)

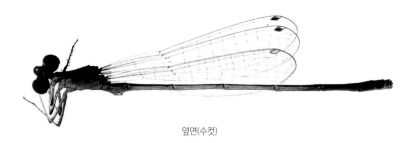

옆면(수컷)

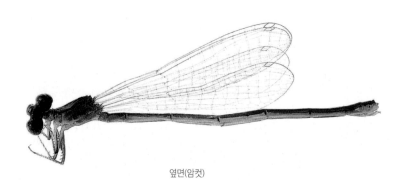

옆면(암컷)

형태 특징

수컷은 몸 전체가 청록색을 띤다. 앞가슴 윗면에 가는 청록색 줄무늬가 2줄 있으며, 옆가슴에는 검은색 줄무늬가 일직선으로 등까지 연결된다. 2배마디 윗면에 있는 검은색 무늬는 8마디 끝까지 연결되고, 9마디만 옅은 푸른색이다.

생태 특징

우화할 때 직립 자세로 탈피한다. 암컷은 정수식물이나 쇠뜨기 같은 식물 조직 내에 산란한다. 유충은 평지의 저수지, 하천, 농수로 등에 서식하고, 꼬리아가미는 약한 충격에도 떨어지기 쉬우나 곧 새롭게 자라는 재생 능력이 있다.

국내 분포 전국
국외 분포 일본, 중국, 대만, 러시아

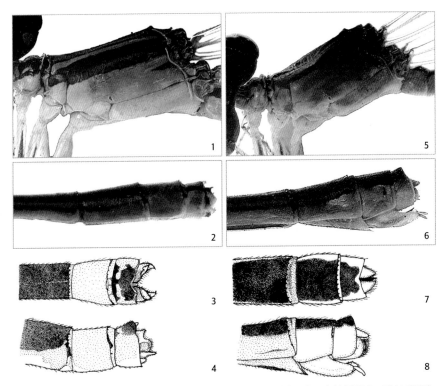

1 옆가슴(수컷) 2 교미부속기(수컷) 3 교미부속기 윗면(수컷) 4 교미부속기 옆면(수컷) 5 옆가슴(암컷) 6 교미부속기(암컷)
7 교미부속기 윗면(암컷) 8 교미부속기 옆면(암컷)

북방아시아실잠자리

Ischnura elegans (Van der Linden, 1820)

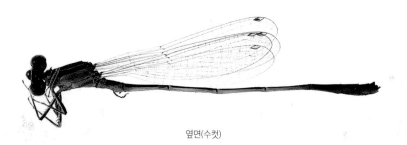

옆면(수컷)

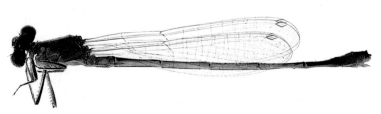

옆면(암컷)

형태 특징

수컷은 푸른색, 암컷은 노란색이다. 배 길이는 26~29㎜이며, 뒷날개는 18~22㎜이다. 수컷의 가슴과 1, 2, 7, 8, 9배마디는 초록색 또는 푸른색이며, 배 윗면은 검은색이고, 9배마디 윗면은 푸른색이다. 암컷의 가슴은 옅은 황갈색에서 초록색까지 다양하다.

생태 특징

수초들이 풍부한 늪에 서식하며, 성충은 7~8월에 관찰되고, 주로 해안가 주변에서 많이 나타난다.

국내 분포 중부, 북부
국외 분포 일본, 중국, 인도, 네팔, 유럽 전역
특이 사항 기후변화 생물지표종

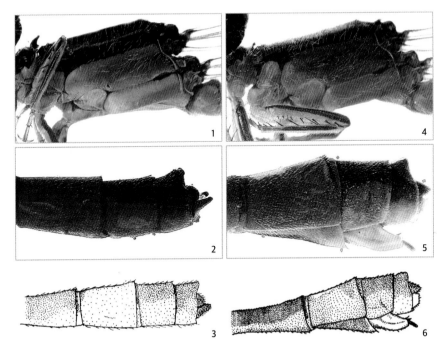

1 옆가슴(수컷) 2 교미부속기(수컷) 3 교미부속기 옆면(수컷) 4 옆가슴(암컷) 5 교미부속기(암컷) 6 교미부속기 옆면(암컷)

푸른아시아실잠자리

Ischnura senegalensis (Rambur, 1842)

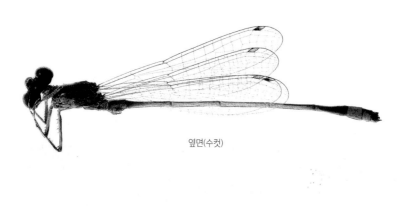

옆면(수컷)

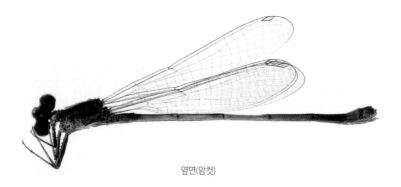

옆면(암컷)

형태 특징
암컷과 수컷의 크기는 비슷하며, 배 길이는 23~25㎜이고, 뒷날개 길이는 15~18㎜이다. 수컷의 가슴은 청록색이며, 배 끝 두 마디는 푸른색이다. 암컷의 가슴은 옅은 황갈색이며, 배 윗면은 검은색이고 아랫면은 연한 노란색이다.

생태 특징
해안가 주변의 늪, 논, 용수로 등지에서 주로 채집되며, 성충은 5~10월에 관찰된다.

국내 분포 중부, 남부
국외 분포 아시아, 아프리카, 유럽
특이 사항 분포특이종

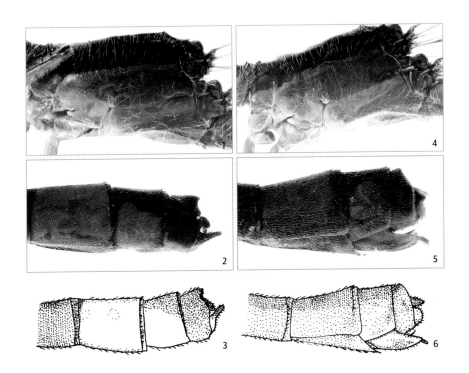

1 옆가슴(수컷) 2 교미부속기(수컷) 3 교미부속기 옆면(수컷) 4 옆가슴(암컷) 5 교미부속기(암컷) 6 교미부속기 옆면(암컷)

새노란실잠자리

Ceriagrion auranticum Fraser, 1922

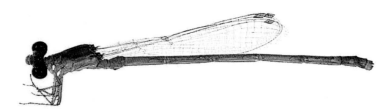

옆면(수컷)

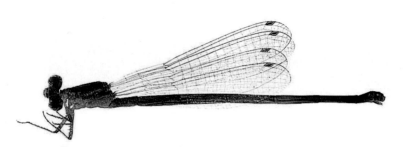

옆면(암컷)

형태 특징

수컷의 배 길이는 27~31㎜이며, 뒷날개는 18~20㎜이다. 암컷의 배는 29~33㎜이며, 뒷날개 길이는 20~23㎜이다. 암컷과 수컷 모두 가슴과 겹눈은 초록색이며, 수컷은 배마디가 분홍색이고, 암컷은 옅은 녹갈색이다.

생태 특징

한반도 중부, 남부 지역과 제주도의 일부 지역에만 분포하는 종으로, 성충은 8~10월에 묵논이나 늪에서 관찰된다.

국내 분포 남부, 제주도
국외 분포 일본, 중국
특이 사항 국외반출승인대상종

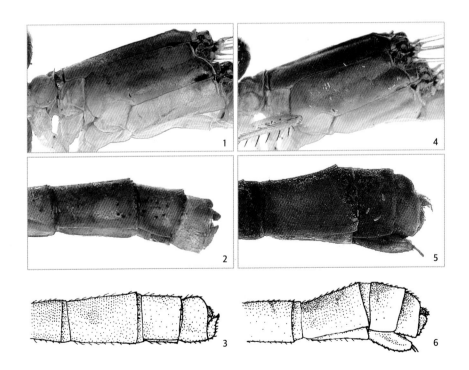

1 옆가슴(수컷) **2** 교미부속기(수컷) **3** 교미부속기 옆면(수컷) **4** 옆가슴(암컷) **5** 교미부속기(암컷) **6** 교미부속기 옆면(암컷)

노란실잠자리

Ceriagrion melanurum Selys, 1876

옆면(수컷)

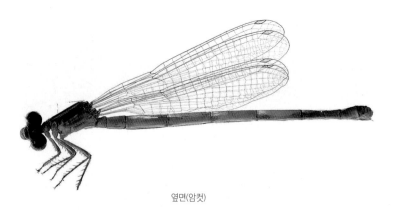

옆면(암컷)

형태 특징
수컷의 배 길이는 23~32㎜이며, 뒷날개는 15~21㎜이다. 암컷의 배는 25~35㎜이며, 뒷날개 길이는 16~23㎜이다. 수컷은 몸 전체가 황갈색이며, 겹눈과 가슴은 연한 초록색이다. 암컷의 몸 색깔은 수컷과 비슷하지만 녹색인 개체도 있다.

생태 특징
북부 산지를 제외한 한반도 각지와 제주도, 완도, 강화도 등에서 관찰된다. 평지나 야산지의 늪, 웅덩이, 용수로 등에 서식하며, 성충은 6월 초순부터 10월 초순까지 관찰된다. 일본에서는 해발고도 1,500m에서도 관찰되었다는 보고가 있다.

국내 분포 전국
국외 분포 일본, 중국, 태국, 수마트라

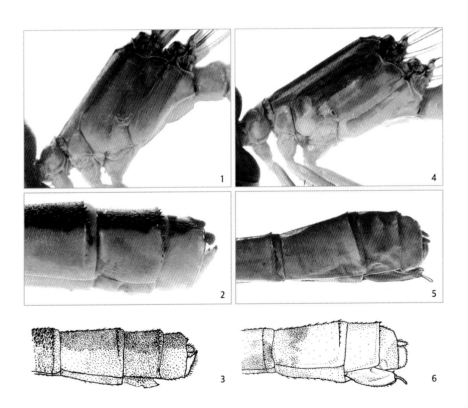

1 옆가슴(수컷) 2 교미부속기(수컷) 3 교미부속기 옆면(수컷) 4 옆가슴(암컷) 5 교미부속기(암컷) 6 교미부속기 옆면(암컷)

연분홍실잠자리
Ceriagrion nipponicum Asahina, 1967

형태 특징

수컷의 배 길이는 27~31㎜이며, 뒷날개는 18~20㎜이다. 암컷의 배는 29~33㎜이며, 뒷날개 길이는 20~23㎜이다. 암컷과 수컷 모두 가슴과 겹눈은 초록색이며, 수컷은 배마디가 분홍색이고, 암컷은 옅은 녹갈색이다.

생태 특징

한반도 중부, 남부 지역과 제주도의 일부 지역에서 채집되는 종으로, 성충은 8~10월에 오래된 작은 늪에서 관찰된다.

국내 분포 중부, 남부
국외 분포 일본, 중국
특이 사항 기후변화 생물지표종

옆면(수컷)

옆면(암컷)

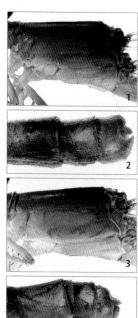

1 옆가슴(수컷) 2 교미부속기(수컷) 3 옆가슴(암컷) 4 교미부속기(암컷)

자실잠자리
Copera annulata (Selys, 1863)

형태 특징

수컷과 암컷은 크기가 비슷하다. 배 길이는 31~39㎜이며, 뒷날개 길이는 19~25㎜이다. 수컷은 황갈색 바탕에 검은색 무늬가 있으며, 성숙하면 황갈색 부분이 청백색으로 변한다. 9배마디는 청백색이다. 암컷은 수컷과 색깔이 비슷하며, 성숙하면 황갈색 부분이 녹색으로 변한다. 암컷의 10배마디는 황백색이다.

생태 특징

한반도에서는 매우 드물게 채집되는 종이다. 유충은 평지, 구릉지에 숲이 있는 늪을 좋아하며, 성충은 6월 초순에서 9월 초순까지 관찰된다.

국내 분포 남부
국외 분포 일본, 중국, 대만, 인도, 말레이시아
특이 사항 국외반출승인대상종

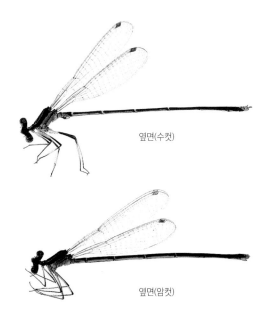

옆면(수컷)

옆면(암컷)

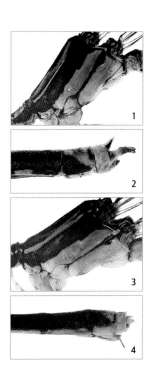

1 옆가슴(수컷) **2** 교미부속기(수컷) **3** 옆가슴(암컷) **4** 교미부속기(암컷)

큰자실잠자리

Copera tokyoensis Asahina, 1948

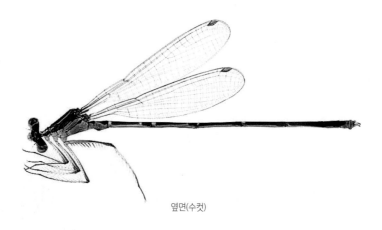

옆면(수컷)

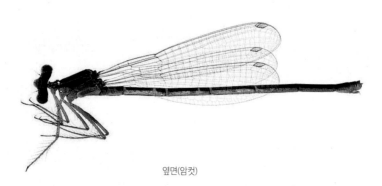

옆면(암컷)

형태 특징

암컷과 수컷의 크기는 비슷하다. 배 길이는 33~39㎜이며, 뒷날개 길이는 21~26㎜이다. 수컷은 황갈색 바탕에 검은색 무늬가 있으며, 성숙하면 황갈색 부분이 녹색 또는 푸른색으로 변한다. 9배마디는 검은색이다. 암컷은 수컷과 색깔이 비슷하며, 성숙하면 황갈색 부분이 녹색으로 변한다. 암컷의 10배마디는 검은색이다.

생태 특징

방울실잠자리과 중에서는 드물게 보이는 종이다. 큰 하천 주변에 있는 늪에 서식하며, 6~8월에 성충이 관찰된다. 현재 도심에서는 나타나지 않는 것으로 판단된다.

국내 분포 중부, 남부
국외 분포 일본, 중국
특이 사항 국외반출승인대상종

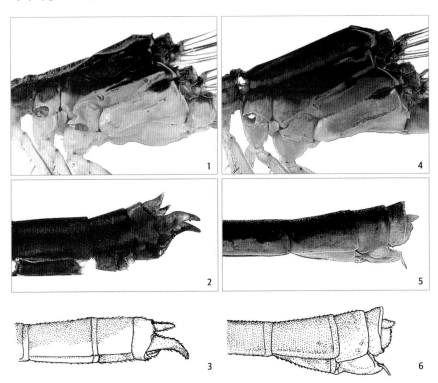

1 옆가슴(수컷) 2 교미부속기(수컷) 3 교미부속기 옆면(수컷) 4 옆가슴(암컷) 5 교미부속기(암컷) 6 교미부속기 옆면(암컷)

방울실잠자리
Platycnemis phyllopoda Djakonov, 1926

형태 특징
수컷은 전체적으로 검은색이며, 연한 녹색 줄무늬가 있다. 수컷의 종아리마디에는 방울모양이 있지만 암컷에는 없다. 날개는 투명하다. 수컷의 상부속기는 짧고 하부속기는 상부속기의 2배이며, 끝은 검은색이다. 암컷은 배 아랫면이 두껍고, 연한 푸른색 무늬가 넓게 나타난다.

생태 특징
주로 낮은 지역의 습지나 연못의 수생식물이 많은 지역에서 서식한다. 성충은 5월 하순부터 10월 중순까지 관찰된다.

국내 분포 전국
국외 분포 일본, 중국, 러시아

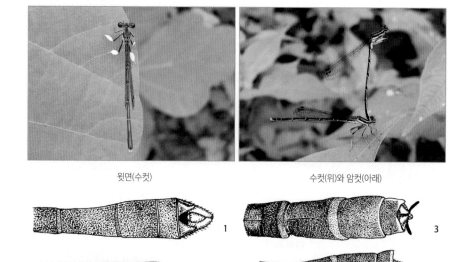

윗면(수컷)   수컷(위)와 암컷(아래)

1   3

2   4

1 교미부속기 윗면(수컷) **2** 교미부속기 옆면(수컷) **3** 교미부속기 윗면(암컷) **4** 교미부속기 옆면(암컷)

좀청실잠자리

Lestes japonicus Selys, 1883

형태 특징

수컷은 푸른색이고, 암컷은 노란색이다. 수컷의 배 길이는 28~33㎜이며, 암컷은 26~30㎜
이다. 수컷의 뒷날개 길이는 18~22㎜이고, 암컷은 20~21㎜이다. 머리 뒤 옆면은 밝은 노
란색이다.

생태 특징

한반도 여러 지역에 산발적으로 분포하나 드물게 보이는 종이다. 평지의 정수식물이 있는
늪에 서식하며, 앉을 때 다른 실잠자리와 다르게 날개를 펴고 앉는 것이 특징이다. 성충은
5월 하순에서 10월까지 관찰된다.

국내 분포 전국
국외 분포 일본, 중국
특이 사항 국외반출승인대상종

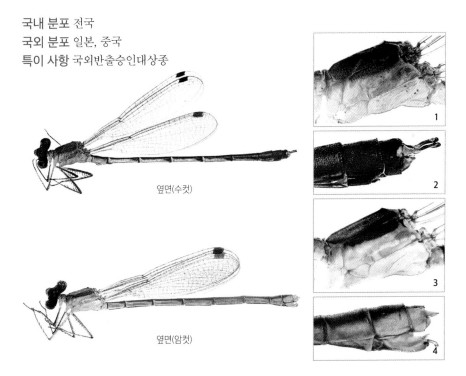

옆면(수컷)

옆면(암컷)

1 옆가슴(수컷) 2 교미부속기(수컷) 3 옆가슴(암컷) 4 교미부속기(암컷)

청실잠자리

Lestes sponsa (Hansemann, 1823)

옆면(수컷)

옆면(암컷)

형태 특징

수컷의 배 길이는 28~34㎜이며, 암컷은 26~33㎜이다. 수컷의 뒷날개 길이는 19~24㎜이고 암컷은 20~25㎜이다. 수컷은 청록색이며, 8, 9배마디는 회백색이다. 암컷은 푸른색을 띠며, 청록색 무늬가 나타난다. 암컷의 산란관은 배 끝부분과 길이가 같다.

생태 특징

한랭지 종으로 보이며, 현재까지의 채집기록은 북부 지방에만 있다. 일본 학자(Doi)가 전라남도 자은도에서 채집했다고 하지만 서식 여부는 확인이 필요하다. 일반적으로 북부 지역에는 서식하나 남부 지역에서는 아직까지 확실한 채집 기록이 없다.

국내 분포 북부
국외 분포 일본, 중국, 유럽 전역
특이 사항 국외반출승인대상종

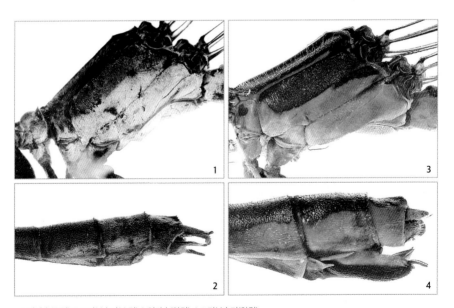

1 옆가슴(수컷) 2 교미부속기(수컷) 3 옆가슴(암컷) 4 교미부속기(암컷)

큰청실잠자리

Lestes temporalis Selys, 1883

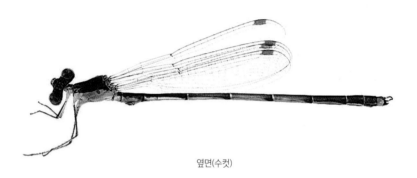

옆면(수컷)

옆면(암컷)

형태 특징

수컷의 배 길이는 33~40㎜이며, 암컷은 32~37㎜이다. 수컷의 뒷날개 길이는 23~27㎜이고, 암컷은 24~29㎜이다. 전체적으로 금록색을 띠며, 몸이 크다. 수컷은 성숙하면 10배마디가 흰색으로 변하지만 암컷은 변하지 않는다.

생태 특징

한반도에 국지적으로 분포하나 드물게 보이는 종이다. 주로 평지의 정수식물이 있는 늪에 서식하며, 10월까지 관찰된다. 경기도 가평군 설악면 설악에서 처음으로 보고되었다.

국내 분포 중부, 남부
국외 분포 일본, 러시아
특이 사항 국외반출승인대상종

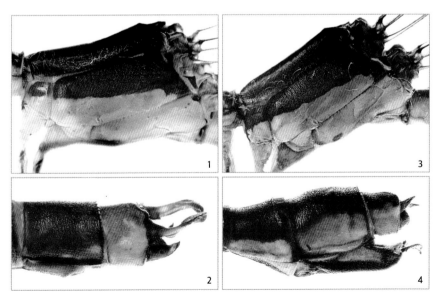

1 옆가슴(수컷) 2 교미부속기(수컷) 3 옆가슴(암컷) 4 교미부속기(암컷)

가는실잠자리

Indolestes peregrinus (Ris, 1916)

옆면(수컷)

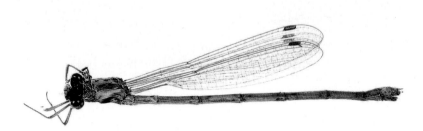

옆면(암컷)

형태 특징

배 길이는 28~31㎜이며, 뒷날개 길이는 20~22㎜이다. 완전히 성숙하지 않으면 희미한 갈색 바탕에 흑갈색 무늬가 있다. 수컷의 배는 가늘고 검은색인 띠무늬가 있다. 수컷의 상부속기는 가늘고 길며, 아래쪽으로 휘었다. 암컷의 꼬리는 긴 삼각형이며, 산란관은 얇고 아래쪽으로 휜다.

생태 특징

성충은 4~12월까지 관찰된다. 유충은 연못, 웅덩이, 습지, 호수, 도랑, 강 및 시내에 서식한다. 성충은 유충의 서식지 근처에서 나타나지만 가끔 물에서 멀리 떨어진 곳에서도 발견된다. 성충 수컷은 자신의 세력권 안에 있는 나뭇잎이나 작은 가지에 앉는다.

국내 분포 전국
국외 분포 일본, 중국

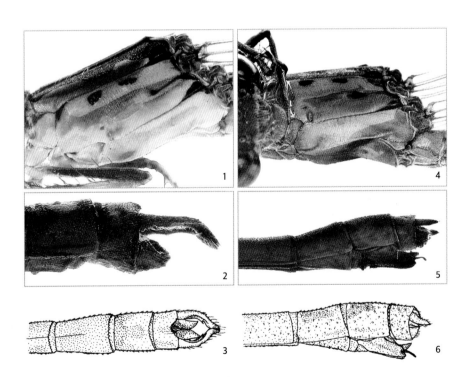

1 옆가슴(수컷) 2 교미부속기(수컷) 3 교미부속기 윗면(수컷) 4 옆가슴(암컷) 5 교미부속기(암컷) 6 교미부속기 옆면(암컷)

묵은실잠자리

Sympecma paedisca (Brauer, 1877)

옆면(수컷)

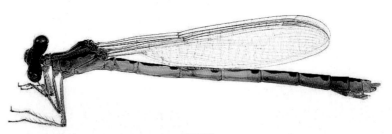

옆면(암컷)

형태 특징

연한 갈색이며 가슴판에 갈색 무늬가 있다. 윗면에 갈색 세로무늬가 있다. 수컷의 생식기는 뭉툭하고 휘었으며, 돌기가 여러 개 있다. 암컷의 산란관은 뭉툭하고, 가늘게 앞으로 뻗었다. 암컷의 교미부속기는 넓고 끝으로 갈수록 가늘어진다.

생태 특징

추운 지방에 서식하는 종으로 보이며, 남부 지방에서는 개체수는 적으나 널리 분포한다. 6월에 우화한 성체는 미성숙 상태로 월동하고 다음해 봄에 활동을 시작한다.

국내 분포 전국
국외 분포 일본, 중국(북부), 러시아, 몽골, 유럽

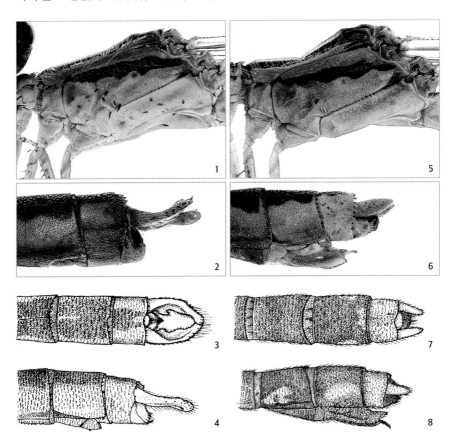

1 옆가슴(수컷) 2 교미부속기(수컷) 3 교미부속기 윗면(수컷) 4 교미부속기 옆면(수컷) 5 옆가슴(암컷) 6 교미부속기(암컷)
7 교미부속기 윗면(암컷) 8 교미부속기 옆면(암컷)

별박이왕잠자리

Aeshna juncea (Linnaeus, 1758)

옆면(수컷)

옆면(암컷)

형태 특징

대형 종으로 수컷은 약간 푸른색이고, 암컷은 노란색이다. 날개는 투명하며, 배에는 다소 크고 동그란 무늬가 산재한다. 수컷의 상부속기는 길며, 끝부분이 조금 부풀고, 위쪽으로 휜다. 하부속기는 상부속기의 1/2 크기로 위쪽으로 휜다. 암컷의 미모는 검은색이고 긴 반달모양으로 뻗는다.

생태 특징

전 세계적으로 널리 분포하고, 한반도에서는 중부와 북부 지역에 서식하며, 주로 산지에서 관찰된다. 한랭지의 습원이나 수심이 얕은 작은 늪과 연못에서 7~10월까지 관찰된다.

국내 분포 전국
국외 분포 일본, 중국(북부), 러시아, 몽골, 유럽
특이 사항 국외반출승인대상종

1 옆가슴(수컷) 2 교미부속기(수컷) 3 교미부속기 윗면(수컷) 4 교미부속기 옆면(수컷) 5 옆가슴(암컷) 6 교미부속기(암컷)
7 교미부속기 아랫면(암컷) 8 교미부속기 옆면(암컷)

참별박이왕잠자리

Aeshna crenata Hagen, 1856

옆면(수컷)

윗면(암컷)   옆면(암컷)

형태 특징

대형 종으로 수컷은 다소 푸른빛을 띠고, 암컷은 노란빛을 띤다. 날개는 투명하며, 배에는 다소 각진 무늬가 산재한다. 수컷의 상부속기는 매우 길며, 끝부분으로 갈수록 넓어지고, 위쪽으로 휜다. 하부속기는 상부속기의 1/2보다 크며, 위쪽으로 휜다. 암컷의 꼬리는 검은색이고 긴 반달모양으로 다소 뾰족하게 뻗는다.

생태 특징

한반도 중부와 북부 지방에 분포하며, 중부 이남 지역에서는 제주도와 한라산에서만 기록되었다. 중부 지역의 산지와 제주도 한라산에서 7~8월에 보인다.

국내 분포 중부, 북부
국외 분포 동남아시아 이외의 유라시아 대륙, 북아메리카, 사하라 사막 이북의 아프리카를 포함하는 광대한 구역
특이 사항 국외반출승인대상종

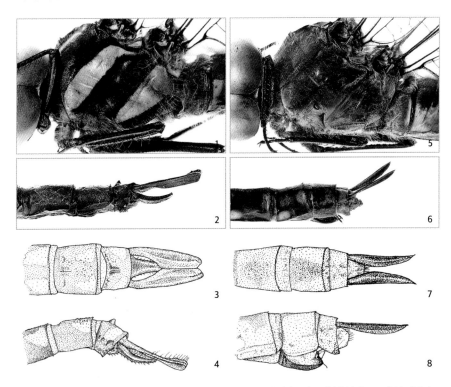

1 옆가슴(수컷) 2 교미부속기(수컷) 3 교미부속기 윗면(수컷) 4 교미부속기 옆면(수컷) 5 옆가슴(암컷) 6 교미부속기(암컷)
7 교미부속기 윗면(암컷) 8 교미부속기 옆면(암컷)

큰별박이왕잠자리

Aeshna nigroflava Martin, 1908

옆면(수컷)

옆면(암컷)

형태 특징

수컷의 배 길이는 58~67mm이며, 암컷은 55~68mm이다. 수컷의 뒷날개 길이는 50~60mm이며, 암컷은 52~63mm이다. 전반적으로 흑갈색 바탕에 청록색 무늬가 있다. 옆가슴에는 넓은 청록색 무늬가 2개 있으며, 그 앞에도 작은 청록색 무늬가 있다. 수컷의 3배마디는 가늘다. 배의 각 마디 윗면에는 작고 둥근 청록색 무늬가 한 쌍씩 있다.

생태 특징

주로 추운 지역의 다양한 수초가 있는 습지에 서식한다. 과거 남한에서의 유충 채집 기록이 있지만, 그 이후로는 관찰되지 않고 있다. 성충은 6월 중순부터 11월 초순까지 관찰되고, 일본 종과 비교 검토할 필요가 있다.

국내 분포 북한
국외 분포 일본

1 옆가슴(수컷) 2 교미부속기(수컷) 3 옆가슴(암컷) 4 교미부속기(암컷)

왕잠자리

Anax parthenope julius Brauer, 1865

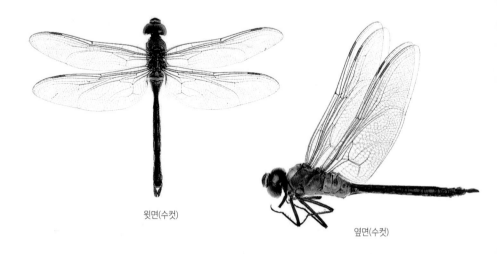

윗면(수컷)

옆면(수컷)

윗면(암컷)

옆면(암컷)

형태 특징

성충 가슴은 옅은 녹색으로 거의 무늬가 없다. 수컷은 2, 3배마디 윗면이 옅은 푸른색이고 암컷은 황록색이다. 배 아랫부분은 은백색으로 광택이 난다. 그 밖의 각 마디는 수컷은 검은색이고, 암컷은 짙은 갈색이다.

생태 특징

교미가 끝난 암컷과 수컷은 연결한 채로 날아다니며, 연못, 방죽, 저수지, 늪, 하천변의 수생식물 조직 내에 산란한다. 부화하면 조그만 새우모양 전유충이 되고, 허물을 벗어 유충이 된다. 유충은 물벼룩 같은 소형 동물을 먹다가 차츰 장구벌레, 실지렁이, 송사리, 올챙이처럼 비교적 대형 동물을 잡아먹는다. 아랫입술을 이용해 먹이를 붙잡아 먹으며, 직장의 숨관 아가미로 호흡한다. 완전히 성숙한 유충은 물 위 정수식물 줄기의 30~70㎝ 지점에 멈춰 서서 도수형으로 날개가 돋으며, 날아가기까지 약 5시간이 걸린다.

국내 분포 전국
국외 분포 일본, 중국

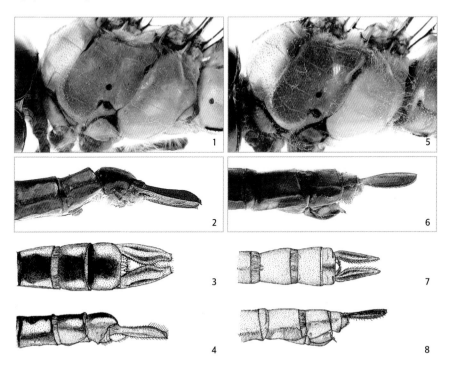

1 옆가슴(수컷) 2 교미부속기(수컷) 3 교미부속기 윗면(수컷) 4 교미부속기 옆면(수컷) 5 옆가슴(암컷) 6 교미부속기(암컷)
7 교미부속기 윗면(암컷) 8 교미부속기 옆면(암컷)

먹줄왕잠자리

Anax nigrofasciatus Oguma, 1915

윗면(수컷)

옆면(수컷)

윗면(암컷)

옆면(암컷)

형태 특징

수컷의 배 길이는 48~53mm이며, 암컷은 49~57mm이다. 수컷의 뒷날개 길이는 44~49mm이며, 암컷은 42~48mm이다. 가슴은 녹색이며, 세로로 검은 무늬가 1쌍 나타난다. 1, 2배마디 앞부분은 황록색이다. 수컷의 3~10배마디는 검은색인데 4~8마디 양쪽에는 녹색 또는 청록색 무늬가 있다.

생태 특징

한반도 북부 지방에서는 드물게 나타나는 종이다. 중부와 남부 지방에서는 국지적으로 채집되며, 제주도에서도 채집된다. 평지, 구릉지, 저산지의 정수식물이 많은 늪에 서식하며, 성충은 5월 초순부터 출현해 6월 하순까지 관찰된다.

국내 분포 전국
국외 분포 일본

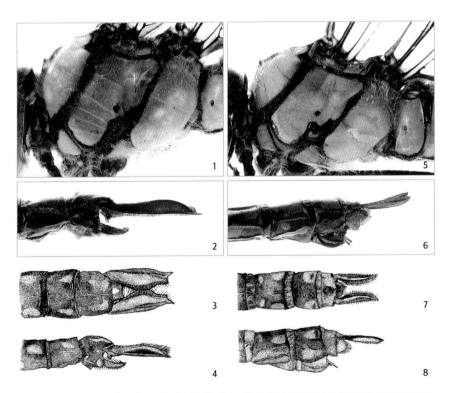

1 옆가슴(수컷) 2 교미부속기(수컷) 3 교미부속기 윗면(수컷) 4 교미부속기 옆면(수컷) 5 옆가슴(암컷) 6 교미부속기(암컷)
7 교미부속기 윗면(암컷) 8 교미부속기 옆면(암컷)

남방왕잠자리
Anax guttatus (Burmeister, 1839)

형태 특징
수컷의 배 길이는 57~65㎜이며, 암컷은 55~60㎜이다. 수컷의 뒷날개 길이는 51~56㎜이며, 암컷은 50~57㎜이다. 머리와 가슴은 황록색이다. 1, 2배마디는 아랫면과 옆면이 황록색이고, 윗면은 푸른색이다. 배 아랫면에는 연한 청록색 반점이 산재한다.

생태 특징
주로 평지나 구릉지, 낮은 산의 다양한 수초가 있는 저수지나 연못에 서식한다. 성충은 4월 중순부터 12월까지 관찰된다.

국내 분포 중부, 남부
국외 분포 전 세계

옆면(수컷)

1 옆가슴(수컷) 2 교미부속기(수컷)

큰무늬왕잠자리

Aeschnophlebia anisoptera Selys, 1883

형태 특징

대형 종으로 크기는 약 80㎜이다. 몸 전체는 검은색이고 옆면에 노란색 무늬가 있다. 옆가
슴에는 검은 측선 2개가 가깝게 붙어 있으며, 날개는 투명하다. 배 옆쪽에 사각형 황색 무
늬가 있으며, 등 쪽은 각 마디 끝이 황색이다. 수컷의 상부속기는 매우 길며, 휘어지고 끝
부분에 뾰족한 돌기가 있다. 하부속기는 상부속기의 약 1/3 크기로 다소 굵다.

생태 특징

평지나 구릉지의 늪에 서식하며, 성충은 6월 중순에서 8월 말까지 관찰된다. 현재 우리
나라에서는 제주도에만 분포하는 종으로 일시적으로 분포하는 비래종인지 생태학적·생
물지리학적 연구가 필요하다.

국내 분포 제주도
국외 분포 일본, 중국
특이 사항 분포특이종

옆면(암컷)

옆면(수컷)

1 옆가슴(수컷) 2옆가슴(암컷)

잘록허리왕잠자리

Gynacantha japonica Bartenef, 1909

윗면(수컷)

옆면(수컷)

옆면(암컷)

형태 특징

대형 종으로 수컷은 전체적으로 황록색을 띠며, 배 아랫면은 검은색 바탕에 녹색 무늬가 있다. 수컷의 3배마디는 잘록하며, 교미부속기가 상당히 길다. 상부속기는 가늘고 길며, 하부속기의 3배를 훌쩍 넘는다. 하부속기는 색이 연하며, 직사각형이고 위쪽으로 약간 휜다.

생태 특징

북부 산지를 제외한 한반도 전역에 분포하지만 개체수는 많지 않다. 구릉지나 저산지의 정수식물이 많은 지역에 서식하며, 성충은 7~11월까지 관찰된다.

국내 분포 전국
국외 분포 일본, 중국, 대만

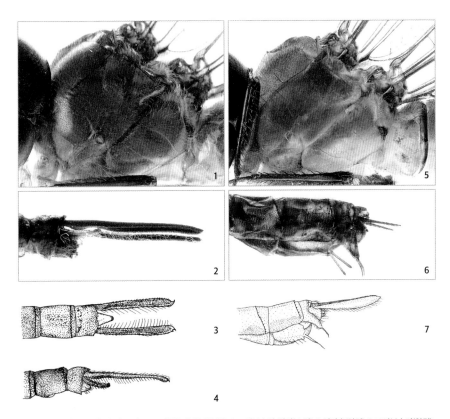

1 옆가슴(수컷) 2 교미부속기(수컷) 3 교미부속기 윗면(수컷) 4 교미부속기 옆면(수컷) 5 옆가슴(암컷) 6 교미부속기(암컷)
7 교미부속기 옆면(암컷)

황줄왕잠자리

Polycanthagyna melanictera (Selys, 1883)

윗면(수컷)   옆면(수컷)

윗면(암컷)   옆면(암컷)

형태 특징

대형 종으로 크기는 약 80㎜이며, 검은색 바탕에 노란색 무늬가 있다. 옆가슴에는 굵은 노란색 무늬가 있으며, 날개는 투명하다. 수컷의 배는 잘록하며, 암컷은 다소 통통하다. 수컷의 마지막 배마디 위쪽에 노란색 무늬가 있으며, 암컷은 7배마디 위쪽에 노란색 무늬가 있다. 수컷의 상부속기는 길게 뻗으며, 하부속기는 상부속기의 1/2보다 크다.

생태 특징

초창기 한반도에서는 제주도에서만 기록이 있던 종이다. 황혼성으로 구릉지나 저산지의 늪에 서식하며, 성충은 5월 하순부터 8월 말까지 관찰된다.

국내 분포 중부, 남부
국외 분포 일본, 중국

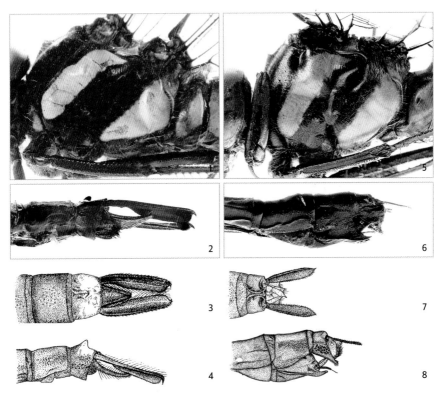

1 옆가슴(수컷) 2 교미부속기(수컷) 3 교미부속기 윗면(수컷) 4 교미부속기 옆면(수컷) 5 옆가슴(암컷) 6 교미부속기(암컷)
7 교미부속기 아랫면(암컷) 8 교미부속기 옆면(암컷)

긴무늬왕잠자리
Aeschnophlebia longistigma Selys, 1883

윗면(수컷)

옆면(수컷)

윗면(암컷)

옆면(암컷)

형태 특징
대형 종으로 크기는 약 65㎜이다. 몸 전체는 녹색이며, 날개는 투명하다. 옆가슴선은 얇고 윗면에 긴 녹색 줄이 세로로 나 있다. 수컷의 상부속기는 매우 길며, 끝부분에 가늘고 긴 돌기가 있다. 암컷의 미모(꼬리털) 역시 길게 뻗으며, 산란관도 길다.

생태 특징
한국에서의 첫 기록은 1941년 일본의 코바야시(Kobayashi)에 의해서다. 이후 제주도 및 용수저수지에서 유충이 채집되었으며, 주로 평지나 구릉지의 늪에 서식한다고 알려졌다. 성충은 6월 중순에서 8월 말까지 관찰된다.

국내 분포 중부, 남부
국외 분포 일본, 중국

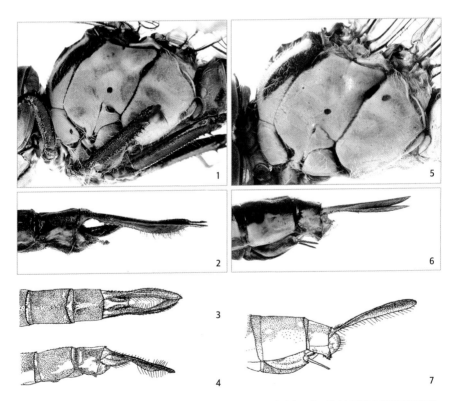

1 옆가슴(수컷) **2** 교미부속기(수컷) **3** 교미부속기 윗면(수컷) **4** 교미부속기 옆면(수컷) **5** 옆가슴(암컷) **6** 교미부속기(암컷)
7 교미부속기 옆면(암컷)

개미허리왕잠자리

Boyeria maclachlani Selys, 1883

윗면(수컷)

옆면(수컷)

옆면(암컷)

형태 특징

대형 종으로 수컷은 3배마디가 잘록하게 들어간 것이 특징이다. 수컷은 다소 검은 적갈색이며, 노란색 무늬가 있다. 암컷은 옅은 적갈색이며, 수컷보다 3배마디가 잘록하지 않다. 날개는 투명하며, 수컷의 상부속기는 길게 뻗고, 하부속기는 상부속기의 1/3 크기이다. 암컷의 미모는 검은색이고 긴 반달모양으로 뻗는다.

생태 특징

한반도산이며 중국에 분포하는 *Boyeria sinensis*와 매우 유사하므로 비교 검증할 필요가 있다. 평지나 구릉지의 수목이 많은 유수천에 서식하며, 성충은 6~9월 말까지 관찰된다.

국내 분포 전국
국외 분포 일본
특이 사항 국외반출승인대상종

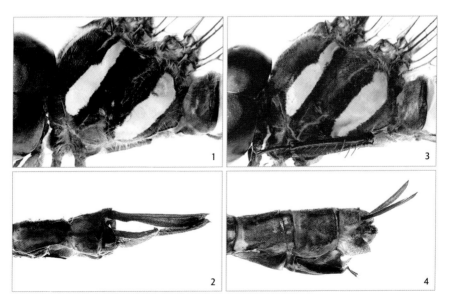

1 옆가슴(수컷) 2 교미부속기(수컷) 3 옆가슴(암컷) 4 교미부속기(암컷)

한라별왕잠자리

Sarasaeschna pryeri (Martin, 1909)

옆면(수컷)

옆면(암컷)

형태 특징

암컷과 수컷은 크기가 같으며, 수컷의 배 길이는 41~47㎜, 암컷은 36~41㎜이다. 수컷의 뒷날개 길이는 40~49㎜이며, 암컷은 41~47㎜이다. 전반적으로 검은색 바탕에 노란색 무늬가 있다. 가슴 옆면에는 넓은 노란색 무늬가 2개 있다. 3배마디는 현저하게 가늘다. 2~8배마디 윗면 앞쪽에는 노란색 고리무늬가 있으며, 수컷은 이 무늬가 8, 9배마디 윗면에서 끊어진다.

생태 특징

주로 산간 지역의 산림이 많고 그늘진 계류에 서식한다. 성충은 6월 상순부터 9월 하순까지 관찰된다.

국내 분포 제주도
국외 분포 일본

1 옆가슴(수컷) 2 교미부속기(수컷) 3 옆가슴(암컷) 4 교미부속기(암컷)

마아키측범잠자리

Anisogomphus maacki (Selys, 1872)

옆면(수컷)

옆면(암컷)

형태 특징

암컷과 수컷의 색깔은 비슷하며, 노란색 바탕에 검은색 무늬가 있다. 1~7배마디 윗면에 노란색 세로줄이 있으며, 8~10배마디는 넓고 노란색 반점이 있다.

생태 특징

흐름이 느린 하천에 서식하며, 유충은 하천의 모래에 숨어 지낸다. 성충은 5월 하순부터 출현해 9월까지 볼 수 있으며, 우화 후 상당히 먼 거리를 이동한다.

국내 분포 전국
국외 분포 일본, 중국, 인도, 몽골

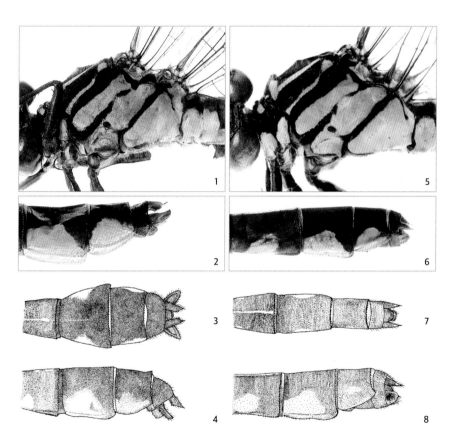

1 옆가슴(수컷) 2 교미부속기(수컷) 3 교미부속기 윗면(수컷) 4 교미부속기 옆면(수컷) 5 옆가슴(암컷) 6 교미부속기(암컷)
7 교미부속기 윗면(암컷) 8 교미부속기 옆면(암컷)

노란배측범잠자리

Asiagomphus coreanus (Doi and Okumura, 1937)

옆면(수컷)

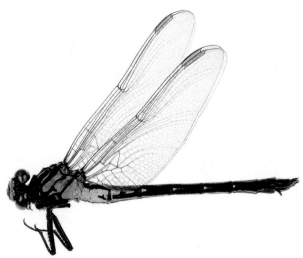

옆면(암컷)

형태 특징

전체적으로 검은색 바탕에 노란색 무늬가 있다. 겹눈은 청록색으로 빛나고, 가슴 앞쪽의 노란색 무늬는 '八' 자 모양이다. 옆가슴에는 노란색 바탕에 넓은 검은색 줄무늬가 뚜렷하게 1줄 있다. 수컷의 1, 2배마디는 굵고, 옆면에 노란색 무늬가 있으나 3~7배마디는 가늘며, 각 마디에 선명한 노란색 무늬가 검은색과 함께 나타난다. 수컷의 교미부속기는 넓고 길다. 암컷의 배마디 옆쪽에는 노란색 무늬가 있으며, 6배마디 윗면에 가로로 노란색 무늬가 있다. 암컷의 교미부속기는 날카롭고 뾰족하다.

생태 특징

하천 모래 바닥에 서식하며, 미성숙한 성충은 오전에 야산으로 이동한다. 8월에 성숙해 물가로 돌아와 교미한 후, 암컷 혼자서 흐름이 느린 여울에서 정지 비행을 하면서 산란관을 내밀어 수면으로 내려와 물을 치며 산란한다.

국내 분포 중부, 남부
국외 분포 한국 고유종, 국외반출승인대상종

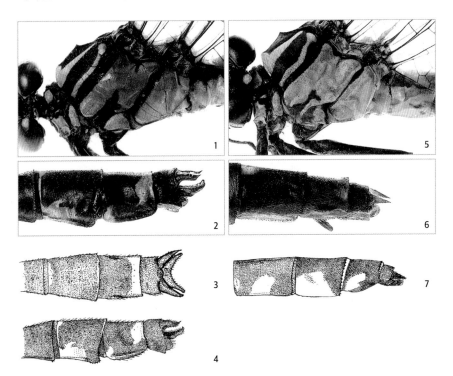

1 옆가슴(수컷) 2 교미부속기(수컷) 3 교미부속기 윗면(수컷) 4 교미부속기 옆면(수컷) 5 옆가슴(암컷) 6 교미부속기(암컷) 7 교미부속기 옆면(암컷)

산측범잠자리

Asiagomphus melanopsoides (Doi, 1943)

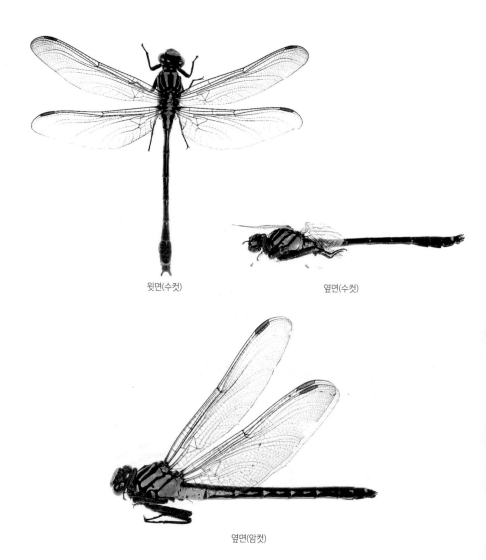

윗면(수컷)

옆면(수컷)

옆면(암컷)

형태 특징

수컷의 배 길이는 45~49mm이며, 암컷은 44~48mm이다. 수컷의 뒷날개 길이는 35~39mm이며, 암컷은 37~42mm이다. 전반적으로 검은색 바탕에 노란색 무늬가 있다. 가슴은 검은색이며, 윗면에는 노란색 무늬가 1쌍 있다. 옆면은 노란색이고 검은색 무늬가 1쌍 있다.

생태 특징

성충은 주로 평지나 낮은 산지의 물이 흐르는 곳에 서식하며, 4월 초순에서 8월 하순까지 관찰된다.

국내 분포 중부, 남부

특이 사항 한국 고유종, 국외반출승인대상종

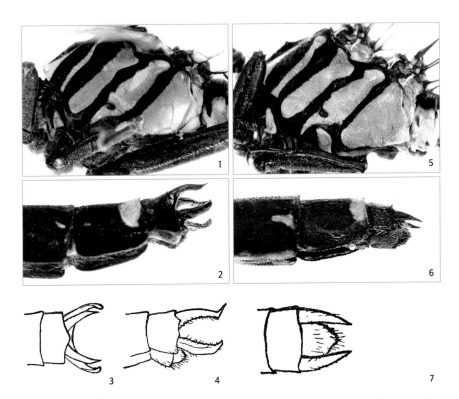

1 옆가슴(수컷) **2** 교미부속기(수컷) **3** 교미부속기 윗면(수컷) **4** 교미부속기 옆면(수컷) **5** 옆가슴(암컷) **6** 교미부속기(암컷)
7 교미부속기 윗면(암컷)

쇠측범잠자리

Davidius lunatus (Bartenef, 1914)

옆면(수컷)

옆면(암컷)

형태 특징

성충은 암컷과 수컷의 색깔이 다르며, 등가슴에 '八' 자 모양 노란색 무늬가 있다. 수컷의 옆가슴은 노란색 바탕에 검은색 무늬가 두껍게 연결되는 반면, 암컷은 노란색 바탕에 검은색 무늬가 가늘게 연결된다. 수컷의 1~7배마디 옆면에 작은 노란색 무늬가 있으며, 암컷은 1~8배마디 옆면에 직사각형 노란색 무늬가 있다.

생태 특징

우리나라 전국에 분포하며, 유충은 평지나 구릉지의 소하천에 서식하고, 하상이 주로 모래로 구성된 곳에서 발견된다. 성충은 4월 중순부터 출현해 7월 초순까지 관찰된다. 유충 상태로 하천에서 월동하며, 암컷은 알을 하천 위에 떨어뜨린다.

국내 분포 전국
국외 분포 중국, 만주, 동부 시베리아
특이 사항 국외반출승인대상종

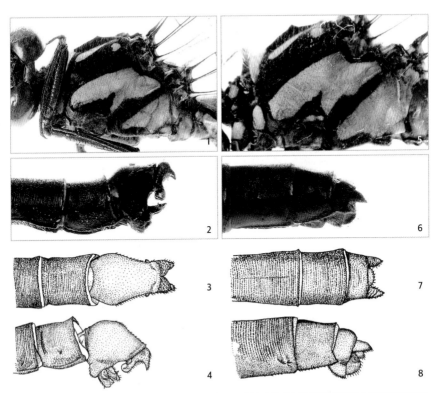

1 옆가슴(수컷) 2 교미부속기(수컷) 3 교미부속기 윗면(수컷) 4 교미부속기 옆면(수컷) 5 옆가슴(암컷) 6 교미부속기(암컷) 7 교미부속기 윗면(암컷) 8 교미부속기 옆면(암컷)

어리측범잠자리

Shaogomphus postocularis epophthalmus (Selys, 1872)

옆면(수컷)

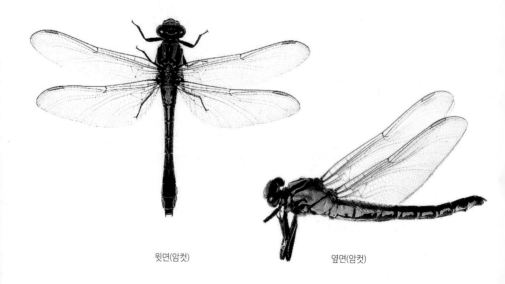

윗면(암컷)

옆면(암컷)

형태 특징

암컷과 수컷의 색깔이 비슷하며, 검은색 바탕에 노란색 무늬가 있다. 배마디 윗면에 노란색 세로무늬가 있으며, 수컷은 1, 2배마디, 8, 9배마디 옆쪽에 노란색 무늬가 있다. 암컷의 배마디 옆쪽에는 끊어진 노란색 무늬가 있고, 교미부속기는 뾰족하다.

생태 특징

흐름이 느린 하천의 중류 및 상류에 서식한다. 남부 해안 지역을 제외한 한반도 각지에 널리 분포하나 개체수는 적은 편이다. 평지나 구릉지의 소하천에 서식하며, 성충은 4월부터 출현해 6월 말까지 관찰된다.

국내 분포 중부, 남부
국외 분포 일본, 동만주, 극동 러시아, 동부 시베리아

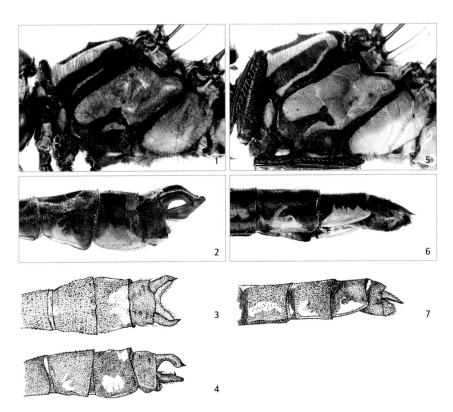

1 옆가슴(수컷) 2 교미부속기(수컷) 3 교미부속기 윗면(수컷) 4 교미부속기 옆면(수컷) 5 옆가슴(암컷) 6 교미부속기(암컷)
7 교미부속기 옆면(암컷)

호리측범잠자리

Sthlurus annulatus (Djakonov, 1926)

윗면(수컷)

옆면(암컷)

형태 특징
몸은 검은색이고, 크기는 약 62㎜이다. 배 아랫면에 노란색 가로무늬가 있으며, 7~9마디에는 옆으로 넓은 노란색 무늬가 있다. 가슴 위쪽에는 뚜렷한 노란색 무늬가 양쪽으로 떨어져 있으며, 옆쪽에는 검은 측선이 3개 있다. 수컷의 교미부속기는 날카로운 가시처럼 벌어진다.

생태 특징
하천의 흐름이 빠르지 않은 곳에 서식하며, 성충은 5월 하순에서 7월 사이에 관찰된다.

국내 분포 전국
국외 분포 동북아시아

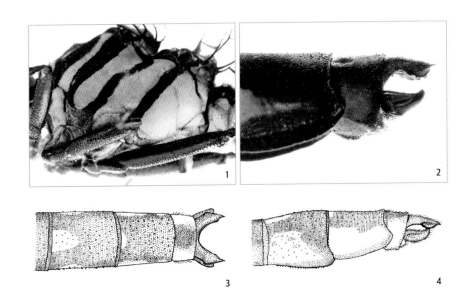

1 옆가슴(수컷) 2 교미부속기(수컷) 3 교미부속기 윗면(수컷) 4 교미부속기 옆면(수컷)

안경잡이측범잠자리

Stylurus oculatus (Asahina, 1949)

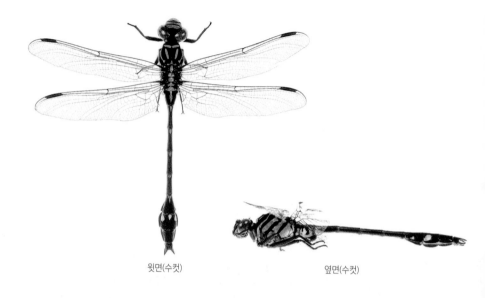

윗면(수컷)   옆면(수컷)

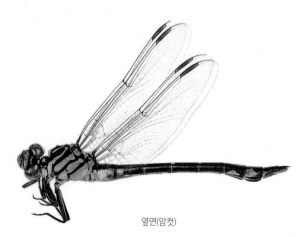

옆면(암컷)

형태 특징

수컷의 배 길이는 44~48㎜이며, 암컷은 46~50㎜이다. 수컷의 뒷날개 길이는 34~37㎜이고, 암컷은 35~38㎜이다. 전반적으로 검은색 바탕에 노란색 무늬가 있으며, 7배마디 이하 아랫면은 노란색이다. 수컷의 8배마디 위쪽의 가운데와 양 옆에 노란색 무늬가 있다. 7, 8 배마디에는 옆쪽에 무늬가 있다. 암컷은 8, 9배마디 옆쪽 아래에 노란색 무늬가 있다.

생태 특징

주로 평지에 있는 큰 저수지의 물이 들어오거나 나가는 지점에 서식하지만 1,000m 이상 되는 고지대 저수지에서도 서식한다. 성충은 6월 중순부터 10월 중순까지 관찰된다.

국내 분포 경기도, 충청남도, 북한
국외 분포 일본

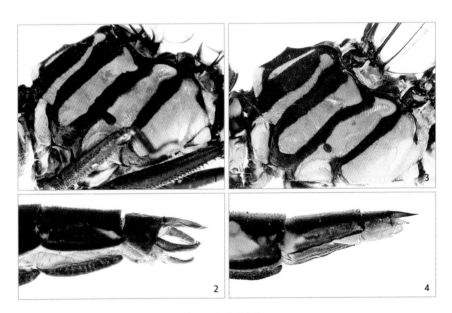

1 옆가슴(수컷) 2 교미부속기(수컷) 3 옆가슴(암컷) 4 교미부속기(암컷)

검정측범잠자리

Trigomphus nigripes (Selys, 1887)

옆면(수컷)

옆면(암컷)

형태 특징

검은색 바탕에 황록색이 돈다. 등가슴 앞쪽 아랫부분에 넓은 연두색 줄무늬가 있고, 그 앞쪽 어깨에 짧고 가는 연두색 줄무늬가 2개 있다. 옆가슴은 연두색 바탕에 검은색 줄무늬가 1줄 뚜렷하다. 몸 전체가 홀쭉하고, 특히 배마디가 가늘다. 수컷의 교미부속기는 가시처럼 뾰족하며 '八' 자 모양으로 벌어진다. 암컷의 교미부속기는 좁고 끝이 뾰족하지 않다.

생태 특징

낮은 평지의 실개천, 늪, 저수지, 하천의 습지대 주변에서 볼 수 있다. 새벽부터 오전에 직립형으로 탈피하며, 갓 날개가 돋은 개체는 실잠자리류처럼 날개를 접고 앉는다. 2~3시간 후 날개가 마르면 완전히 펼쳐져 날개를 접지 못한다. 2~3시간에 걸쳐 교미하고 나면 암컷 혼자 물가에서 정지 비행을 하고, 배마디를 부르르 떨며 연속적으로 물속에 알을 낳는다.

국내 분포 전국
국외 분포 중국

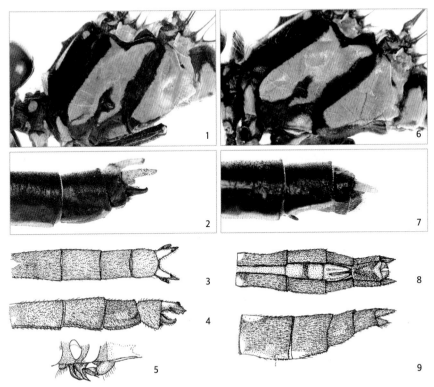

1 옆가슴(수컷) 2 교미부속기(수컷) 3 교미부속기 윗면(수컷) 4 교미부속기 옆면(수컷) 5 생식기(수컷) 6 옆가슴(암컷)
7 교미부속기(암컷) 8 교미부속기 아랫면(암컷) 9 교미부속기 옆면(암컷)

꼬마측범잠자리

Nihonogomphus minor Doi, 1943

형태 특징

크기는 약 52㎜이며, 성충은 검은색 바탕에 노란색 무늬가 있다. 앞가슴 등판에는 직사각형 노란색 무늬가 있다. 옆가슴의 측선은 2개이며, 가운데 측선은 1/3 지점까지 연결된다. 날개는 투명하며, 수컷의 상부속기는 길게 뻗고, 안쪽으로 휜다. 하부속기는 가늘고, 'V' 자 모양으로 휜다.

생태 특징

국내에서 드물게 발견되는 종으로, 유충은 자갈이 많은 하천 중류의 정수 지역에서 주로 관찰되며, 성충은 5월에서 7월까지 관찰된다.

국내 분포 중부, 북부
특이 사항 한국 고유종, 국외반출승인대상종

윗면(수컷)　　　　　1 옆가슴(수컷) 2 교미부속기(수컷)

고려측범잠자리

Nihonogomphus ruptus (Selys, 1857)

형태 특징

검은색 바탕에 노란색 무늬가 있다. 앞가슴 등판에 직사각형 노란색 무늬가 있으며, 옆가슴 뒤쪽에는 길고 검은 선이, 앞쪽에는 짧고 검은 선이 있다. 배 위쪽에 노란색 무늬가 있고, 마지막 배마디에는 노란색 가로무늬가 있다. 수컷의 교미부속기는 길게 뻗으며, 안쪽으로 휜다. 암컷의 교미부속기는 짧고, 배 끝으로 뻗는다.

생태 특징

국내에서 많이 발견되지 않는 희귀종으로, 성충은 6월에 산지에서 관찰된다. 꼬마측범잠자리와 매우 비슷해 추후 명확한 형질로 종 구별이 이루어져야 하는 종으로 구분한다.

국내 분포 북부
국외 분포 일본, 중국, 시베리아

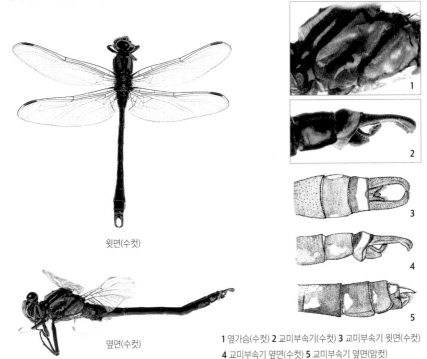

윗면(수컷)

옆면(수컷)

1 옆가슴(수컷) **2** 교미부속기(수컷) **3** 교미부속기 윗면(수컷)
4 교미부속기 옆면(수컷) **5** 교미부속기 옆면(암컷)

노란측범잠자리

Lamelligomphus ringens (Needham, 1930)

윗면(수컷)   옆면(수컷)

윗면(암컷)   옆면(암컷)

형태 특징

전체적으로 가슴과 배 아랫면에 굵고 진한 노란색 줄무늬가 있다. 수컷의 교미부속기는 심하게 휘어져 옆에서 보면 원형으로 보인다. 수컷의 10배마디 위쪽은 노란색이며, 암컷의 교미부속기도 노란색이다.

생태 특징

한반도 각지에 분포하지만 제주도와 울릉도에서는 아직까지 기록이 없다. 평지, 구릉지, 저산지 등의 물이 맑은 지역에 서식하며, 성충은 6~9월까지 관찰된다. 우화 후 상당히 멀리까지 이동하며 산 정상에서도 관찰된다.

국내 분포 전국
국외 분포 전북구
특이 사항 국외반출승인대상종

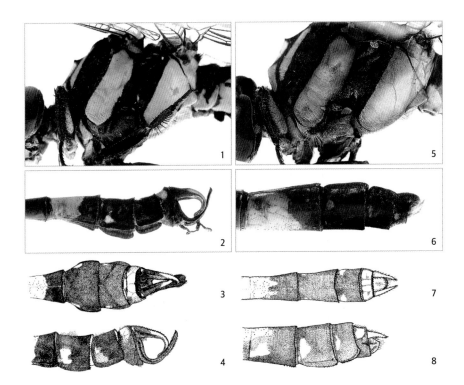

1 옆가슴(수컷) 2 교미부속기(수컷) 3 교미부속기 윗면(수컷) 4 교미부속기 옆면(수컷) 5 옆가슴(암컷) 6 교미부속기(암컷)
7 교미부속기 아랫면(암컷) 8 교미부속기 옆면(암컷)

어리장수잠자리

Sieboldius albardae Selys, 1886

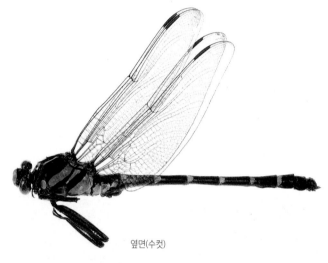

옆면(수컷)

옆면(암컷)

형태 특징

국내에서 가장 큰 종이며, 검은색 바탕에 노란색 무늬가 뚜렷하다. 옆가슴은 노란색이고, 여기에 검은색 줄무늬가 2줄 있다. 배는 검은색이며, 배 윗면과 옆면에 노란색 무늬가 있다. 수컷의 교미부속기는 아래쪽이 넓적하며, 끝은 좁고 날카롭다.

생태 특징

한반도산 측범잠자리과 중 가장 크며, 주로 구릉지나 산지의 하천에 서식한다. 성충은 5~9월 중순까지 관찰된다.

국내 분포 전국
국외 분포 일본, 중국, 인도

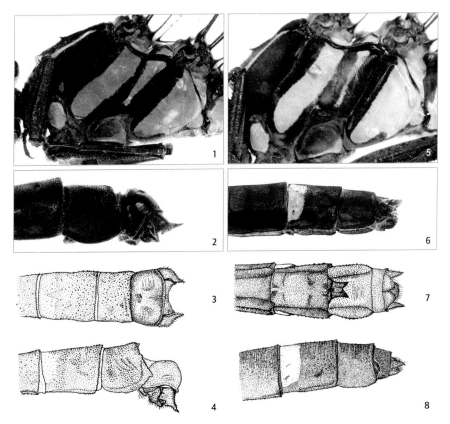

1 옆가슴(수컷) 2 교미부속기(수컷) 3 교미부속기 윗면(수컷) 4 교미부속기 옆면(수컷) 5 옆가슴(암컷) 6 교미부속기(암컷) 7 교미부속기 아랫면(암컷) 8 교미부속기 옆면(암컷)

어리부채장수잠자리

Gomphidia confluens Selys, 1878

옆면(수컷)

옆면(암컷)

형태 특징

암컷과 수컷의 색깔은 비슷하며, 검은색과 노란색이 번갈아 나타나는 호랑무늬가 있다. 옆가슴에 검은색 줄무늬가 있으며, 1, 2배마디와 7~9배마디는 부푼다. 수컷은 3~6배마디가 가늘며, 암컷은 다소 통통하고, 노란색 무늬도 수컷에 비해 크다. 몸길이에 비해 날개 길이가 짧다.

생태 특징

유충은 강변의 늪지대, 야산의 연못, 방죽의 정수식물이 무성한 곳에 서식한다. 성충은 출현 시기가 짧은 편으로 부채장수잠자리보다 먼저 나타나서 빨리 사라진다. 배 끝의 부풀어 오른 부분이 몸의 균형을 잡는 역할을 하며, 날개 길이가 몸길이보다 짧아 공중에서 짧게 교미하고 암컷 혼자 수초 사이를 날며 산란한다.

국내 분포 전국
국외 분포 중국, 대만, 베트남

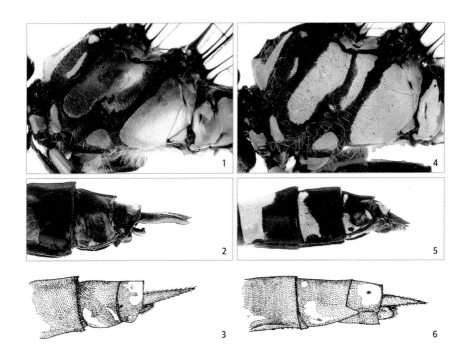

1 옆가슴(수컷) **2** 교미부속기(수컷) **3** 교미부속기 옆면(수컷) **4** 옆가슴(암컷) **5** 교미부속기(암컷) **6** 교미부속기 옆면(암컷)

부채장수잠자리

Sinictinogomphus clavatus (Fabricius, 1775)

윗면(수컷)   옆면(수컷)

옆면(암컷)

형태 특징
몸은 검은색 바탕에 노란색 무늬가 있고 몸 전체가 누르스름하게 보인다. 옆 가슴은 노란색이며, 검은 줄무늬가 3줄 있다. 배는 검은색이며, 2~7배마디 윗면에 노란색 무늬가 있다. 날개는 투명하며, 날개맥과 가두리무늬는 검은색이다. 8배마디 옆면이 크게 넓어져 특이한 부채모양(편상돌기)이 된다. 머리와 가슴에 비해 배마디가 가늘고, 날개의 길이가 몸길이에 비해 작다.

생태 특징
유충은 큰 저수지의 수생식물이 우거진 곳에 서식한다. 수컷은 같은 종뿐만 아니라 왕잠자리나 산잠자리가 영역을 침범해도 머리로 가슴을 받으며 쫓아낸다. 교미 후 암컷은 혼자 산란하고, 타원형 알에는 가는 실모양 끈이 달려 물속에 잠기면서 수생식물의 줄기나 잎에 감긴다.

국내 분포 전국
국외 분포 일본, 중국, 대만, 인도차이나, 미얀마, 네팔, 만주, 시베리아

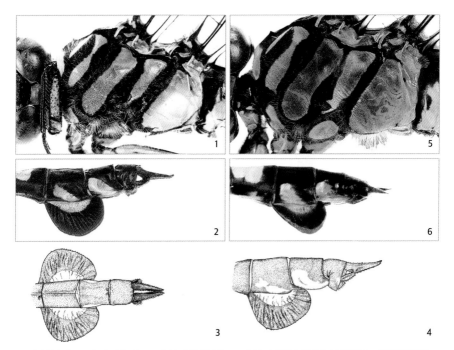

1 옆가슴(수컷) **2** 교미부속기(수컷) **3** 교미부속기 윗면(수컷) **4** 교미부속기 옆면(수컷) **5** 옆가슴(암컷) **6** 교미부속기(암컷)

장수잠자리

Anotogaster sieboldii (Selys, 1854)

윗면(수컷)   옆면(수컷)

윗면(암컷)   옆면(암컷)

형태 특징

매우 큰 잠자리로 몸길이가 약 100㎜이다. 겹눈은 청록색이고 위쪽으로 붙으며, 옆가슴은 검은색이며 노란색 무늬가 2개 있다. 배 위쪽과 옆쪽에도 노란색 띠무늬가 있다. 수컷의 상부속기는 직사각형이며 위쪽으로 날카롭게 휘고, 아래쪽에는 홈이 있다. 암컷 미모는 상당히 짧고, 산란관은 매우 길게 뻗는다.

생태 특징

평지, 구릉지 산지의 소하천, 습지, 체수역 등에 서식하며, 성충은 6월 중순부터 출현해 10월까지 관찰된다. 근래 서식환경 파괴로 인해 개체수가 급감하는 것으로 추정된다.

국내 분포 전국
국외 분포 일본, 중국, 러시아, 대만

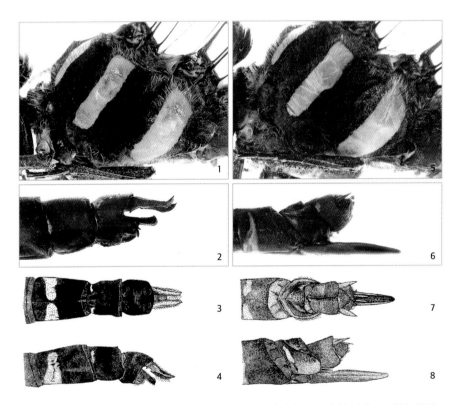

1 옆가슴(수컷) 2 교미부속기(수컷) 3 교미부속기 윗면(수컷) 4 교미부속기 옆면(수컷) 5 옆가슴(암컷) 6 교미부속기(암컷)
7 교미부속기 아랫면(암컷) 8 교미부속기 옆면(암컷)

독수리잠자리

Chlorogomphus brunneus Oguma, 1926

옆면(수컷)

옆면(암컷)

형태 특징

대형 종이며 수컷은 날개가 투명하고, 암컷은 짙은 갈색이다. 전체적으로 검은색 바탕에 노란색 무늬가 있다. 옆가슴 가운데에 노란 줄무늬가 있으며, 1, 2배마디 밑에도 노란색 무늬가 있다. 배 위쪽에는 마디 끝에 노란색 무늬가 있다. 수컷의 상부속기는 짧고 굵으며, 아래쪽에 짧고 두꺼운 돌기가 있다. 하부속기 크기는 상부속기와 비슷하며, 위쪽으로 휜다.

생태 특징

일본열도 남부에도 분포하며, 우리나라 제주도에서 채집되었지만 정착종인지 비래종인지 의심 가는 종이다. 앞으로의 관찰 및 연구가 필요하다.

국내 분포 제주도
국외 분포 일본, 대만

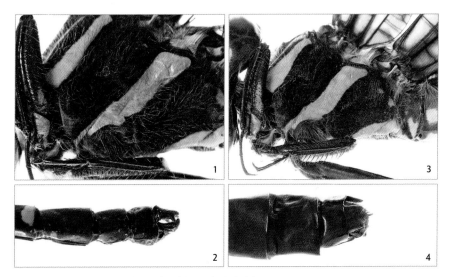

1 옆가슴(수컷) 2 교미부속기(수컷) 3 옆가슴(암컷) 4 교미부속기(암컷)

언저리잠자리

Epitheca marginata (Selys, 1883)

윗면(수컷)

옆면(수컷)

윗면(암컷)

옆면(암컷)

형태 특징

암컷과 수컷 모두 검은색 바탕에 진노랑 무늬가 있다. 겹눈은 청록색이며, 수컷의 상부속기는 두껍고 위쪽으로 휜다. 하부속기는 상부속기보다 짧으며, 뾰족한 직사각형이다. 암컷의 미모는 상당히 긴 타원형이며, 산란관은 두껍고 길다.

생태 특징

한반도 각지에 분포하나 흔한 종은 아니다. 주로 평지나 구릉지의 늪에 서식하며, 성충은 5월부터 7월까지 관찰된다.

국내 분포 전국
국외 분포 일본, 중국

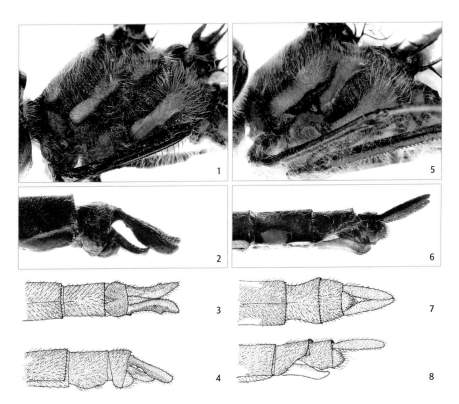

1 옆가슴(수컷) **2** 교미부속기(수컷) **3** 교미부속기 윗면(수컷) **4** 교미부속기 옆면(수컷) **5** 옆가슴(암컷) **6** 교미부속기(암컷)
7 교미부속기 윗면(암컷) **8** 교미부속기 옆면(암컷)

밑노란잠자리붙이
Somatochlora arctica (Zetterstedt, 1840)

형태 특징
전체적으로 청록빛을 띠며, 옆가슴에 무늬가 없는 반면 털이 많다. 날개는 투명하고, 수컷의 교미부속기는 길며, 끝은 길고 가늘다. 상부속기 아래쪽에 타원형 돌기가 있고, 하부속기 크기는 상부속기의 1/2 이며 직사각형이고, 위쪽으로 약간 휜다.

생태 특징
구북구 북부 지역에 널리 분포하며, 한반도에서는 북부 산지에서만 기록이 있다. 주로 한랭지 습원의 체수역에 서식하며 성충은 7월에서 9월까지 관찰된다.

국내 분포 북한
국외 분포 일본, 러시아

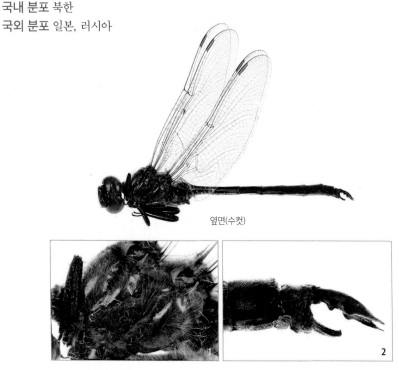

옆면(수컷)

1 옆가슴(수컷) 2 교미부속기(수컷)

백두산북방잠자리

Somatochlora clavata Oguma, 1913

형태 특징

몸 전체는 청록빛을 띠며, 옆가슴과 1, 2배마디에는 노란색 무늬가 있다. 수컷의 상부속기
는 길고 가늘며 위쪽으로 휜다.

생태 특징

백두산에서 채집되어 보고되었다. 일본(북해도)에서 보고된 바에 의하면, 북부 한지의
구릉지, 저산지의 습지에 서식하며, 6월에서 10월 사이에 관찰된다.

국내 분포 전국
국외 분포 일본, 중국, 러시아

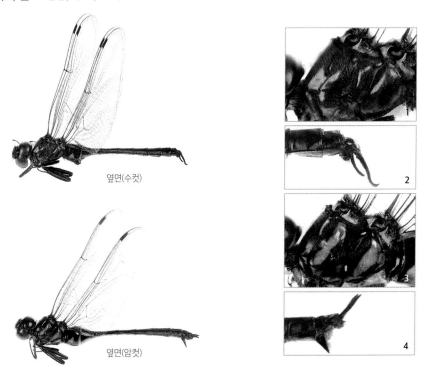

옆면(수컷)

옆면(암컷)

1 옆가슴(수컷) 2 교미부속기(수컷) 3 옆가슴(암컷) 4 교미부속기(암컷)

밑노란잠자리

Somatochlora graeseri Selys, 1887

윗면(수컷)　　　　　　　　옆면(수컷)

옆면(암컷)

형태 특징

전체적으로 청록빛을 띠며, 옆가슴에 무늬가 없고 빛나는 푸른색을 띤다. 2, 3배마디는 노란색이며, 날개는 투명하다. 수컷의 교미부속기는 길고 끝이 날카롭게 위로 올라가며, 밑쪽에 뾰족한 작은 돌기가 있다. 암컷 교미부속기는 뾰족한 타원형이다.

생태 특징

매우 드물게 채집되며, 한랭한 평지나 구릉지의 늪, 습지 또는 습지의 유수역에 서식한다. 성충은 6월 하순에서 9월 말까지 관찰된다.

국내 분포 전국
국외 분포 일본, 중국, 러시아

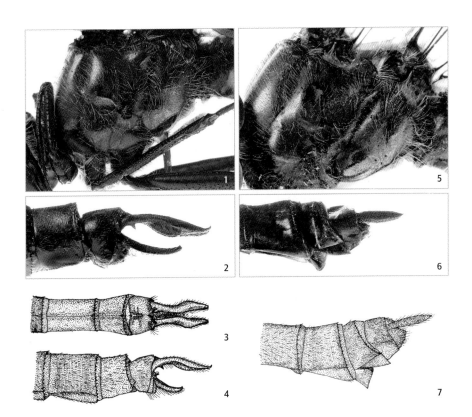

1 옆가슴(수컷) 2 교미부속기(수컷) 3 교미부속기 윗면(수컷) 4 교미부속기 옆면(수컷) 5 옆가슴(암컷) 6 교미부속기(암컷)
7 교미부속기 옆면(암컷)

참북방잠자리

Somatochlora metallica (Van der Linden, 1825)

윗면(수컷)

옆면(수컷)

옆면(암컷)

형태 특징

전체적으로 청록빛을 띠며, 1, 2배마디에 노란색이 있다. 겹눈은 붙었으며, 날개는 투명하다. 암컷은 날개 기부에 노란색 무늬가 있다. 수컷의 교미부속기는 길며, 끝은 날카롭게 위로 휜다. 암컷 교미부속기는 뽀족한 타원형으로 수컷의 교미부속기보다 짧다.

생태 특징

한반도산 북방잠자리속(genus *Somatochlora*) 중에서 가장 남쪽까지 분포하지만 매우 드물게 채집된다. 산지의 늪에 서식하며, 성충은 7월에서 9월 사이에 관찰된다.

국내 분포 중부
국외 분포 중국, 러시아, 유럽

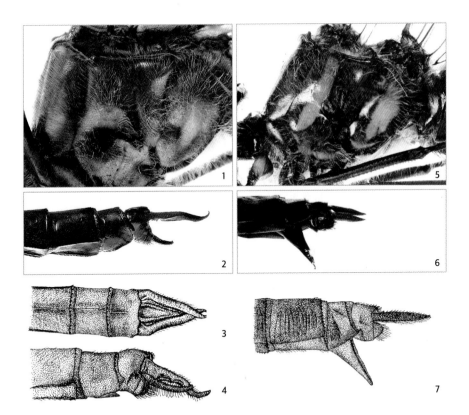

1 옆가슴(수컷) **2** 교미부속기(수컷) **3** 교미부속기 윗면(수컷) **4** 교미부속기 옆면(수컷) **5** 옆가슴(암컷) **6** 교미부속기(암컷)
7 교미부속기 옆면(암컷)

삼지연북방잠자리
Somatochlora viridiaenea (Uhler, 1858)

형태 특징

겹눈과 옆가슴은 청록빛을 띠며, 1, 2배마디 아래쪽에 노란색 무늬가 있다. 수컷의 상부속기는 길고 가늘며, 위쪽으로 휜다. 암컷의 미모는 긴 타원형이며, 산란관은 뾰족하다.

생태 특징

백두산 산지에서 보고되었으나 알려진 것이 거의 없다.

국내 분포 강원도 북부
국외 분포 일본, 중국, 러시아

1 옆가슴(수컷) 2 교미부속기(수컷)

노란잔산잠자리
Macromia daimoji Okumura, 1949

형태 특징
전체적으로 검은색 바탕에 짙은 노란색 무늬가 있다. 배 윗면에 노란색 반점이 나타난다. 옆가슴에 노란색 무늬가 2개 있으며, 1, 2배마디 아래쪽에 노란색 무늬가 있다. 수컷의 상부속기와 하부속기는 두껍고 강하며, 암컷의 교미부속기는 짧게 뻗는다.

생태 특징
구릉지나 저산지를 흐르는 하천의 모래에 서식하며, 성충은 5월 하순에서 8월 초순까지 관찰된다.

국내 분포 중부, 남부
국외 분포 일본
특이 사항 멸종위기야생동식물 II급, 분포특이종

옆면(수컷)

옆면(암컷)

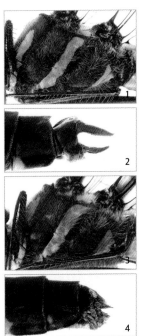

1 옆가슴(수컷) **2** 교미부속기(수컷) **3** 옆가슴(암컷) **4** 교미부속기(암컷)

산잠자리

Epophthalmia elegans (Brauer, 1865)

윗면(수컷)

옆면(수컷)

윗면(암컷)

옆면(암컷)

형태 특징

전체적으로 검은색 바탕에 노란색 무늬가 있다. 겹눈은 녹색이며, 안쪽으로 서로 붙었다. 옆가슴에는 굵은 노란 무늬가 있으며, 1, 2배마디와 4~7배마디에 노란색 무늬가 있다. 배마디 끝이 다소 통통하며, 수컷의 상부속기는 하부속기보다 약간 작다.

생태 특징

한반도산 잠자리 중에서 큰 편이다. 한반도 북부 지역의 분포는 매우 적지만 중부 이남에서는 각지에 분포한다. 평지나 구릉지의 정수식물이 많은 트인 늪에 서식하나 큰 호수에서도 볼 수 있다. 성충은 5월 중순부터 출현해 10월 말까지 관찰된다.

국내 분포 전국
국외 분포 일본, 중국, 호주

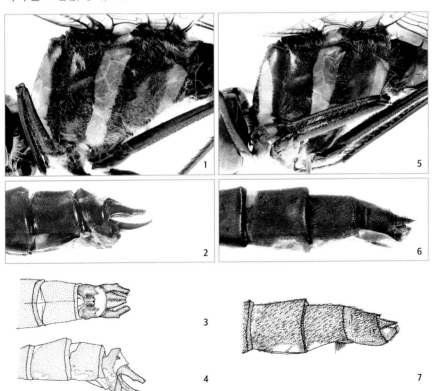

1 옆가슴(수컷) **2** 교미부속기(수컷) **3** 교미부속기 윗면(수컷) **4** 교미부속기 옆면(수컷) **5** 옆가슴(암컷) **6** 교미부속기(암컷) **7** 교미부속기 옆면(암컷)

잔산잠자리

Macromia amphigena Selys, 1871

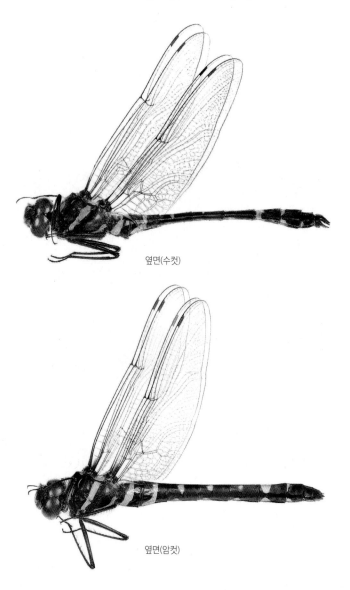

옆면(수컷)

옆면(암컷)

형태 특징

수컷의 배 길이는 47~55㎜이며, 암컷은 49~56㎜이다. 수컷의 뒷날개 길이는 42~47㎜이며, 암컷은 45~51㎜이다. 머리 일부와 가슴은 금속광택이 도는 푸른색이다. 가슴 옆면은 광택 있는 푸른색에 황색 줄무늬가 있다. 배는 검은색이며, 2~6배마디 윗면 중앙에 뚜렷한 노란색 무늬가 있다.

생태 특징

한반도 여러 지역에 분포하나 섬에서는 기록이 없다. 지역 변이가 있으며, 몇 개 아종으로 구분하는 연구자도 있다. 주로 구릉지, 낮은 산지의 계류나 늪에 서식하며, 성충은 5월 초순부터 7월 말까지 관찰된다.

국내 분포 전국
국외 분포 일본, 중국

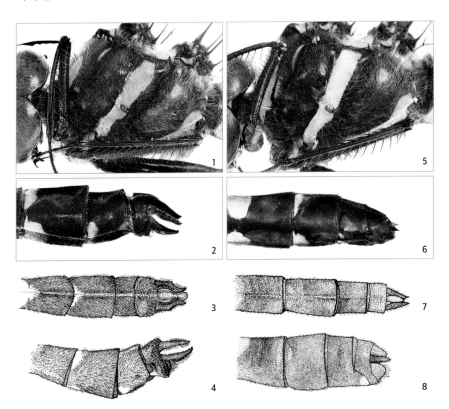

1 옆가슴(수컷) **2** 교미부속기(수컷) **3** 교미부속기 윗면(수컷) **4** 교미부속기 옆면(수컷) **5** 옆가슴(암컷) **6** 교미부속기(암컷)
7 교미부속기 윗면(암컷) **8** 교미부속기 옆면(암컷)

만주잔산잠자리

Macromia manchurica Asahina, 1964

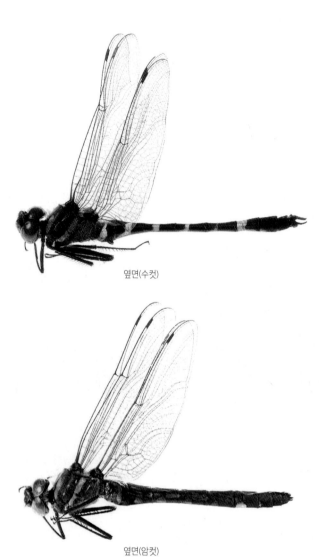

옆면(수컷)

옆면(암컷)

형태 특징

수컷의 배 길이는 47~55㎜이며, 암컷은 49~56㎜이다. 수컷의 뒷날개 길이는 42~47㎜이며, 암컷은 45~51㎜이다. 머리 일부분과 가슴은 금속광택이 나는 푸른색이다. 가슴 옆면은 광택이 있는 푸른색에 뚜렷한 황색 줄무늬가 있다. 배는 검은색이며, 2~6배마디 윗면 중앙에 뚜렷한 노란색 무늬가 있다.

생태 특징

한반도 여러 지역에 분포하지만 섬에서는 아직까지 기록이 없다. 지역적 변이가 있는 것으로 추정되며, 주로 구릉지, 낮은 산지의 계류나 늪에 서식한다. 성충은 5월 초순부터 7월 말까지 관찰된다.

국내 분포 전국
국외 분포 중국

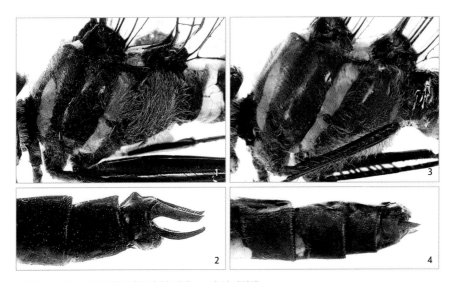

1 옆가슴(수컷) 2 교미부속기(수컷) 3 옆가슴(암컷) 4 교미부속기(암컷)

꼬마잠자리

Nannophya pygmaea Rambur, 1842

윗면(수컷)

옆면(수컷)

옆면(암컷)

형태 특징

세계에서 가장 작은 잠자리로 크기는 약 19㎜이다. 암컷은 호랑무늬가 있으며, 수컷은 빨간색으로 차이가 있다. 배 길이는 10~14㎜이고, 뒷날개 길이는 13~15㎜이다. 날개 아래쪽에 갈색 부분이 있다.

생태 특징

유충은 묵논 및 습지의 정수역에서 보이며, 성충은 매우 낮게 비행하지만 장거리를 이동한다. 햇빛이 강한 날에는 체온조절을 위해 배 끝을 하늘을 향해 세운다. 세계에서 가장 작은 잠자리로 성충은 5~10월에 나타나며, 유충으로 월동한다.

국내 분포 전국
국외 분포 일본, 중국, 동남아시아
특이 사항 멸종위기야생동식물Ⅱ급, 분포특이종

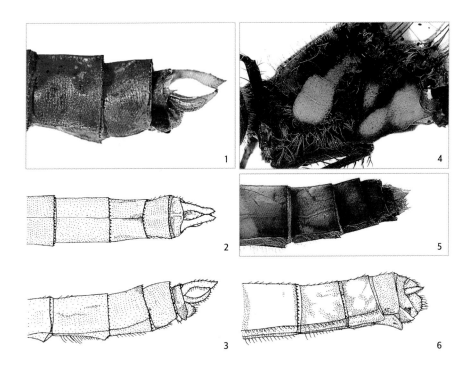

1 교미부속기(수컷) **2** 교미부속기 윗면(수컷) **3** 교미부속기 옆면(수컷) **4** 옆가슴(암컷) **5** 교미부속기(암컷) **6** 교미부속기 옆면(암컷)

진주잠자리

Leucorrhinia dubia Van der Linden, 1825

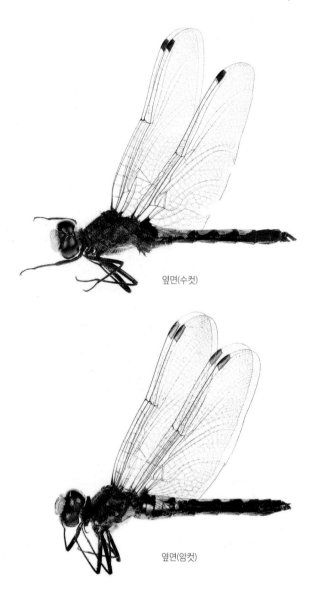

옆면(수컷)

옆면(암컷)

형태 특징

전체적으로 검은색 바탕에 진노랑 무늬가 있다. 배 윗면에 노란색 반점이 있고, 뒷날개 기부에 짙은 검은색 무늬가 있다. 수컷의 상부속기는 길게 앞으로 뻗으며, 끝은 둥글고 아랫부분의 기부 쪽이 휜다. 하부속기 크기는 상부속기의 절반이며 위쪽으로 휜다. 암컷의 미모와 산란관은 매우 짧다.

생태 특징

한랭성으로 북부 산지에서 주로 관찰된다. 국내에서는 매우 드물며 북한에 서식하는 종으로 알려졌다. 북해도에서 보고된 바에 의하면 한랭습원에 서식하며, 성충은 6월에서 7월까지 관찰된다.

국내 분포 북한
국외 분포 일본, 중국, 러시아

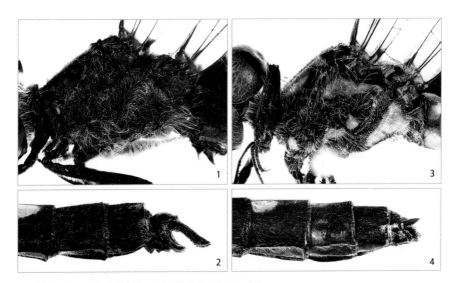

1 옆가슴(수컷) 2 교미부속기(수컷) 3 옆가슴(암컷) 4 교미부속기(암컷)

대모잠자리
Libellula angelina Selys, 1883

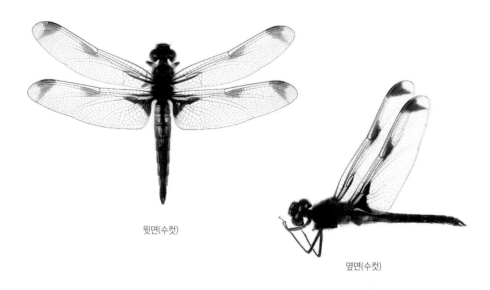

윗면(수컷)

옆면(수컷)

윗면(암컷)

옆면(암컷)

형태 특징

전체적으로 노란색 바탕에 검은 무늬가 있다. 배 위쪽에 검은색 세로 무늬가 있으며, 배 끝쪽으로 갈수록 검은색 무늬가 넓어진다. 옆가슴에는 가는 검은색 무늬가 2개 있으며, 앞날개와 뒷날개에 검은무늬가 3개 있다. 수컷의 상부속기는 길게 앞으로 뻗으며, 안쪽은 톱니모양이다. 하부속기는 위쪽으로 휜다. 암컷의 미모는 짧고, 검은색이다.

생태 특징

한반도 북부 지역에서는 기록이 없으며, 중부 및 남부 지역에서도 드물게 나타나는 종이다. 평지나 구릉지의 오래된 늪에 서식하며, 4월 하순에서 6월 사이에 관찰된다.

국내 분포 중부, 남부
국외 분포 일본, 중국
특이 사항 멸종위기야생동식물 II급, 국외반출승인대상종

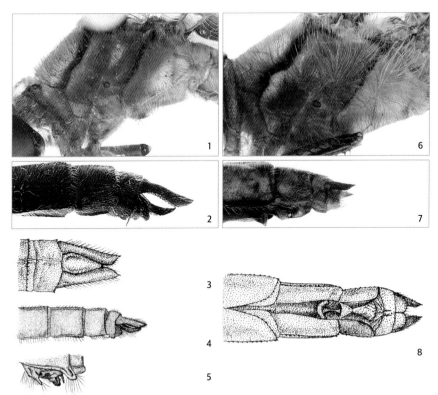

1 옆가슴(수컷) 2 교미부속기(수컷) 3 교미부속기 윗면(수컷) 4 교미부속기 옆면(수컷) 5 생식기(수컷) 6 옆가슴(암컷)
7 교미부속기(암컷) 8 교미부속기 아랫면(암컷)

넉점박이잠자리

Libellula quadrimaculata Linnaeus, 1758

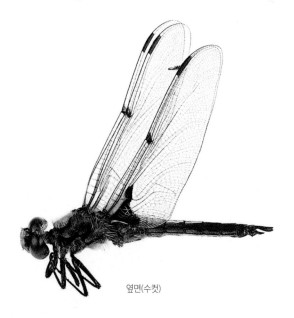

옆면(수컷)

옆면(암컷)

형태 특징

몸은 대부분 노란색 바탕에 검은 무늬가 있다. 옆가슴에 검은색 무늬가 2개 있으며, 털이 많다. 배 위쪽의 검은색 무늬는 6배마디부터 나타나며, 날개에 검은 무늬가 있다. 수컷의 교미부속기는 검은색이며 하부속기 크기는 상부속기의 1/2이다. 암컷의 미모는 다소 두껍게 앞으로 뻗는다.

생태 특징

한반도에서는 매우 드문 종으로 평지나 저산지의 늪, 습지 등에 서식한다. 성충은 5~9월에 관찰된다. 한반도에서도 날개의 무늬에 상당한 차이가 있어 별종으로 보이는 개체도 관찰된다.

국내 분포 전국
국외 분포 일본, 중국, 북아메리카

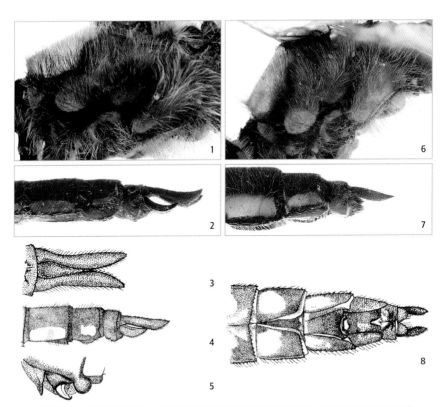

1 옆가슴(수컷) **2** 교미부속기(수컷) **3** 교미부속기 윗면(수컷) **4** 교미부속기 옆면(수컷) **5** 생식기(수컷) **6** 옆가슴(암컷)
7 교미부속기(암컷) **8** 교미부속기 아랫면(암컷)

배치레잠자리

Lyriothemis pachygastra (Selys, 1878)

윗면(수컷)

옆면(수컷)

윗면(암컷)

옆면(암컷)

형태 특징

수컷은 푸른색 바탕, 암컷은 노란색 바탕에 검은 무늬가 있다. 크기가 작고, 배 아랫면은 넙적하며 통통하다. 암컷의 배 위쪽에는 검은 무늬가 나타나지만, 수컷의 배 위쪽에는 짙은 푸른색 또는 양옆에 노란색 무늬가 있다. 날개는 투명하며, 수컷의 교미부속기는 길게 뻗고, 상부속기와 하부속기의 길이가 비슷하다. 암컷의 미모와 산란관은 짧다.

생태 특징

한반도 각지와 제주도에 분포한다. 평지나 구릉지의 정수식물이 많은 늪이나 습지에 서식하며, 성충은 4월 하순부터 9월 말까지 관찰된다.

국내 분포 전국
국외 분포 일본, 중국

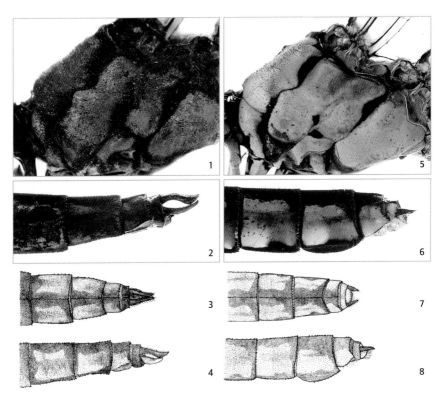

1 옆가슴(수컷) 2 교미부속기(수컷) 3 교미부속기 윗면(수컷) 4 교미부속기 옆면(수컷) 5 옆가슴(암컷) 6 교미부속기(암컷)
7 교미부속기 윗면(암컷) 8 교미부속기 옆면(암컷)

밀잠자리

Orthetrum albistylum (Selys, 1848)

윗면(수컷)   옆면(수컷)

윗면(암컷)   옆면(암컷)

형태 특징

수컷의 배 길이는 33~37㎜이며, 암컷의 배 길이는 32~35㎜이다. 뒷날개 길이는 37~44㎜
이며, 암컷과 수컷의 길이가 같다. 가슴은 황갈색 바탕에 검은색 무늬가 있다. 수컷은 배
가 회청색이고, 암컷은 노란색 바탕에 검은색 무늬가 있다. 암컷의 배마디는 밝은 노란색
이며, 변이가 있다.

생태 특징

인도와 동아시아 지역에 널리 분포하며, 한반도 여러 지역과 제주도에 분포하는 흔한 종
이다. 평지, 구릉지, 낮은 산지의 늪, 습지, 논, 용수로, 저수지 등에 서식하며, 성충은 5월
중순부터 10월 말까지 관찰된다.

국내 분포 전국
국외 분포 중·서부 아시아, 소아시아, 일본, 중국, 유럽, 프랑스, 발칸반도

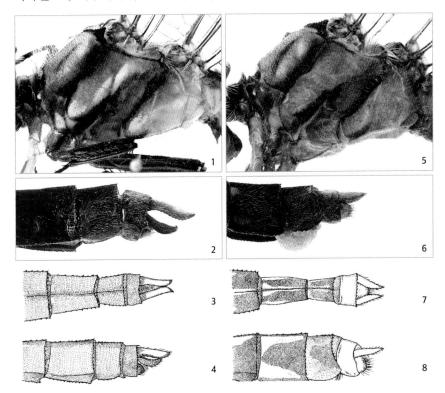

1 옆가슴(수컷) 2 교미부속기(수컷) 3 교미부속기 윗면(수컷) 4 교미부속기 옆면(수컷) 5 옆가슴(암컷) 6 교미부속기(암컷)
7 교미부속기 윗면(암컷) 8 교미부속기 옆면(암컷)

중간밀잠자리

Orthetrum japonicum (Uhler, 1858)

옆면(수컷)

옆면(암컷)

형태 특징

수컷의 배 길이는 25~30㎜이며, 암컷의 배 길이는 24~28㎜이다. 뒷날개 길이는 29~33㎜이며, 암컷과 수컷의 길이가 같다. 가슴 옆면에 검은 줄무늬가 세로로 있다. 수컷의 배는 회청색이며, 암컷은 노란색 바탕에 검은색 무늬가 있다. 암컷의 배마디는 검은색이며, 양옆에는 황갈색 반달모양의 무늬가 있다.

생태 특징

북부 산지와 일부 도서를 제외한 한반도 각지에 분포하나 흔한 종은 아니다. 여러 개 아종으로 구분하기도 하며, 평지나 구릉지, 저산지의 습지나 논 등에 서식한다. 성충은 5월에서 8월까지 관찰된다.

국내 분포 전국
국외 분포 일본

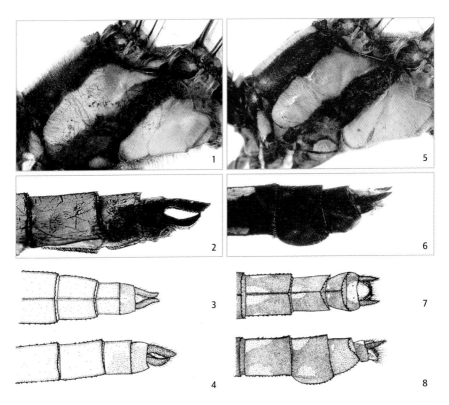

1 옆가슴(수컷) 2 교미부속기(수컷) 3 교미부속기 윗면(수컷) 4 교미부속기 옆면(수컷) 5 옆가슴(암컷) 6 교미부속기(암컷) 7 교미부속기 윗면(암컷) 8 교미부속기 옆면(암컷)

홀쭉밀잠자리

Orthetrum lineostigma (Selys, 1886)

옆면(수컷)

옆면(암컷)

형태 특징
수컷은 푸른색이며, 암컷은 노란색에 검은색 무늬가 있다. 수컷 날개의 깃동무늬가 연하며, 암컷은 진하다. 수컷의 상부속기 아래쪽은 가시모양으로 울퉁불퉁하며, 하부속기는 위쪽으로 심하게 휜다. 암컷의 미모와 산란관은 매우 작다.

생태 특징
중국 북경이 기산지로 기재된 북방계 종이다. 한반도에서는 흔치 않아서 채집지 기록이 그다지 많지 않다. 생태에 대해서는 거의 알려진 바가 없으며, 6월에서 8월에 관찰된다.

국내 분포 전국
국외 분포 중국

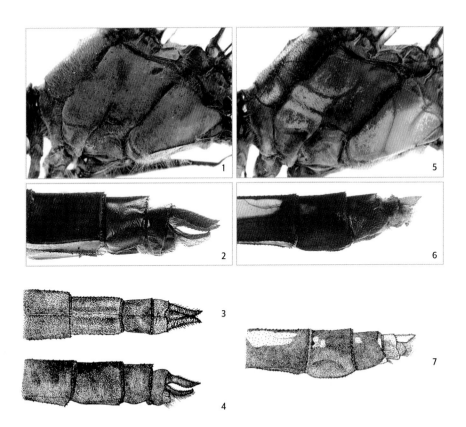

1 옆가슴(수컷) 2 교미부속기(수컷) 3 교미부속기 윗면(수컷) 4 교미부속기 옆면(수컷) 5 옆가슴(암컷) 6 교미부속기(암컷)
7 교미부속기 옆면(암컷)

큰밀잠자리

Orthetrum melania (Selys, 1883)

옆면(수컷)

옆면(암컷)

형태 특징

수컷은 회색빛 도는 흰색이고, 암컷은 노란빛 도는 갈색 바탕에 검은색 줄무늬가 있다. 배 길이는 34~36㎜이고, 뒷날개 길이는 38~40㎜이다. 날개 기부에 검은색 무늬가 있으며, 앞 날개에 비해 뒷날개의 것이 더 크다. 수컷의 뒷날개 밑에 짙은 갈색 무늬가 있고, 암컷의 뒷날개 밑은 노란색이다. 날개맥과 가두리무늬는 짙은 갈색이다.

생태 특징

유충은 논, 습지의 정수지역에서 나타난다. 성충은 5~10월에 보이며, 평지 또는 구릉지나 야산의 습지, 물이 있는 논 등에 서식한다. 대부분 무리를 이루지 않고 단독생활을 한다. 수컷은 암컷을 찾아다니지 않고 항상 물가의 같은 장소에서 암컷을 기다리다가 짝짓기에 성공하면 암컷이 산란할 동안 주위를 떠나지 않고 지킨다. 암컷은 수면 위를 낮게 날면서 배로 물을 치듯이 산란한다. 나뭇가지에 거꾸로 매달린 채 우화한다.

국내 분포 전국
국외 분포 일본, 중국

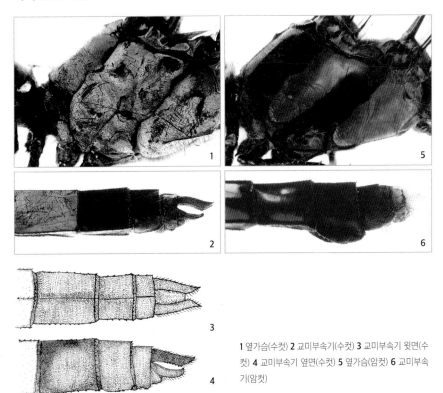

1 옆가슴(수컷) 2 교미부속기(수컷) 3 교미부속기 윗면(수컷) 4 교미부속기 옆면(수컷) 5 옆가슴(암컷) 6 교미부속기(암컷)

고추잠자리

Crocothemis servilia (Drury, 1773)

옆면(수컷)

옆면(암컷)

형태 특징

암컷과 수컷의 크기가 비슷하며, 배 길이는 20~26㎜이고, 뒷날개 길이는 23~31㎜이다. 성숙한 수컷의 배는 붉은색이며, 5~9배마디 옆면에 작고 검은 무늬가 있다. 암컷의 배 윗면은 등갈색이며, 3~9배마디의 옆면과 8, 9배마디 윗면에 검은 무늬가 있다.

생태 특징

제주도를 비롯해 한반도 전역에 분포하며, 고추잠자리속 중 가장 흔하지만 변이가 심하다. 평지나 구릉지의 늪에 서식하며, 성충은 5월부터 10월까지 관찰된다.

국내 분포 전국
국외 분포 일본, 중국, 동남아시아

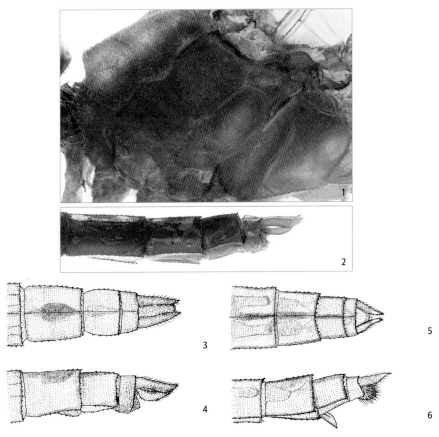

1 옆가슴(수컷) 2 교미부속기(수컷) 3 교미부속기 윗면(수컷) 4 교미부속기 옆면(수컷) 5 교미부속기 윗면(암컷) 6 교미부속기 옆면(암컷)

밀잠자리붙이
Deielia phaon (Selys, 1883)

옆면(수컷)

옆면(암컷)

형태 특징

배 길이는 수컷 약 28㎜, 암컷 약 26㎜이다. 뒷날개 길이는 수컷 약 36㎜이며, 암컷 약 37
㎜이다. 수컷 머리는 청백색이고, 암컷은 연한 노란색이다. 뒷머리와 이마혹은 검은색이
고, 이마꼭대기에 노란색 무늬가 있다. 수컷의 이마는 흑갈색이며, 옆쪽과 아랫가장자리
는 연한 노란색이다. 암컷의 이마는 노란색이다. 머리방패는 노란색이고, 윗입술은 수컷
이 연한 노란색이고 암컷은 노란색인데, 중앙선 아랫가두리가 검다.

생태 특징

수컷은 세력권을 형성하나 개체수가 워낙 많아 범위가 넓지 않다. 암컷과 수컷은 물 위에
서 짧은 시간에 교미하고, 교미 후 암컷은 수컷의 보호를 받으며, 물 위를 스치듯이 날며
산란한다. 거꾸로 매달린 채 우화한다.

국내 분포 전국
국외 분포 일본, 중국, 동남아시아

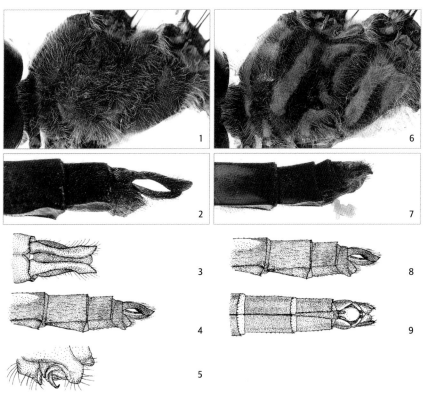

1 옆가슴(수컷) 2 교미부속기(수컷) 3 교미부속기 윗면(수컷) 4 교미부속기 옆면(수컷) 5 생식기(수컷) 6 옆가슴(암컷)
7 교미부속기(암컷) 8 교미부속기 옆면(암컷) 9 교미부속기 아랫면(암컷)

산깃동잠자리
Sympetrum baccha (Selys, 1884)

옆면(수컷)

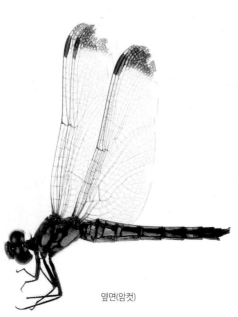

옆면(암컷)

형태 특징

전체적으로 수컷은 빨간색을 띠고, 암컷은 노란색에 짙은 검은 무늬가 있다. 옆가슴의 측선은 굵고 뚜렷하며 약간 흰다. 날개 끝쪽에 검은색 깃동무늬가 있다.

생태 특징

채집기록이 많지 않으며, 성충은 평지와 구릉지의 습지 주변에서 6~10월 사이에 관찰된다.

국내 분포 전국
국외 분포 일본, 중국
특이 사항 국외반출승인대상종

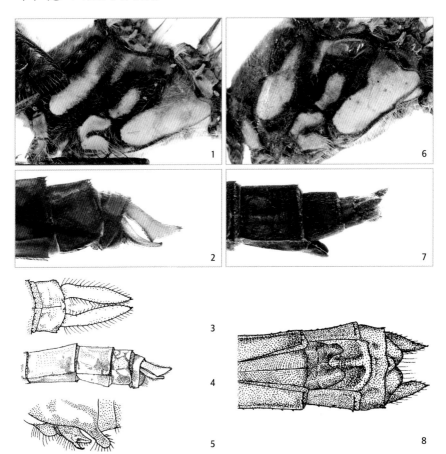

1 옆가슴(수컷) 2 교미부속기(수컷) 3 교미부속기 윗면(수컷) 4 교미부속기 옆면(수컷) 5 생식기(수컷) 6 옆가슴(암컷)
7 교미부속기(암컷) 8 교미부속기 아랫면(암컷)

노란잠자리

Sympetrum croceolum (Selys, 1883)

윗면(수컷)   옆면(수컷)

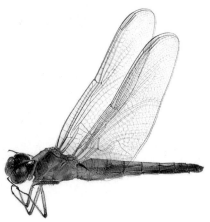

옆면(암컷)

형태 특징
전체적으로 짙은 노란색을 띠며, 옆가슴과 배마디에 무늬가 없다. 날개 기부에 짙은 노란색 부분이 있고, 수컷의 교미부속기 끝은 가늘어지며 안쪽으로 약간 휜다.

생태 특징
한반도 각지와 제주도에 점적으로 분포하며 매우 드물다. 평지나 구릉지의 늪에 서식하며, 성충은 6월에서 10월까지 관찰된다.

국내 분포 전국
국외 분포 일본, 중국

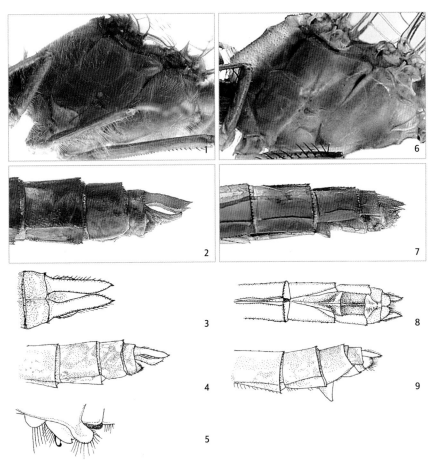

1 옆가슴(수컷) 2 교미부속기(수컷) 3 교미부속기 윗면(수컷) 4 교미부속기 옆면(수컷) 5 생식기(수컷) 6 옆가슴(암컷)
7 교미부속기(암컷) 8 교미부속기 아랫면(암컷) 9 교미부속기 옆면(암컷)

검정좀잠자리

Sympetrum danae (Sulzer, 1776)

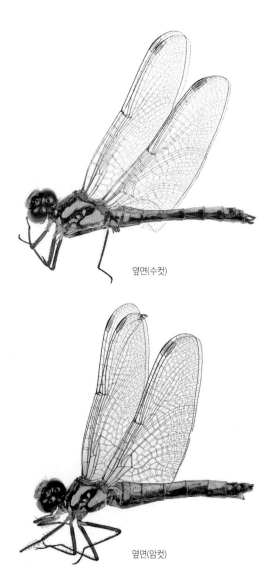

옆면(수컷)

옆면(암컷)

형태 특징

전체적으로 노란색이며 배마디 옆쪽에 검은 무늬가 있고 바로 위쪽에 사각형 무늬가 있다. 옆가슴에 검은색 무늬가 2개 있으며, 중간의 무늬는 복잡하게 연결된다. 수컷의 상부 속기는 긴 직사각형으로 아래쪽에 돌기가 있으며, 하부속기는 반달형이며 위쪽으로 휜다.

생태 특징

한랭성으로 북부 고지대에서만 기록이 있고 남부에서의 채집기록은 없다. 습지에 서식하며, 성충은 7월 하순에서 10월 하순까지 관찰된다.

국내 분포 북한
국외 분포 북유럽, 서유럽, 아시아 북부, 북아메리카

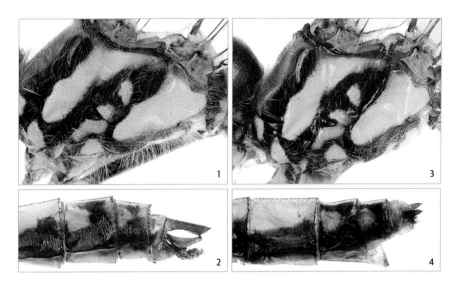

1 옆가슴(수컷) 2 교미부속기(수컷) 3 옆가슴(암컷) 4 교미부속기(암컷)

여름좀잠자리

Sympetrum darwinianum Selys, 1883

윗면(수컷)

옆면(수컷)

윗면(암컷)

옆면(암컷)

형태 특징

전체적으로 수컷은 붉은색, 암컷은 노란색을 띠며, 몸길이는 약 40㎜이다. 옆가슴의 측선은 굵지 않으며, 위쪽까지 연결되지 않는다. 8, 9배마디 위쪽의 검은색 무늬가 특징이다.

생태 특징

한반도 각지에 분포하나 변이가 심하다. 성충은 구릉지의 습지나 연못 주변에서 관찰된다.

국내 분포 전국
국외 분포 일본, 중국

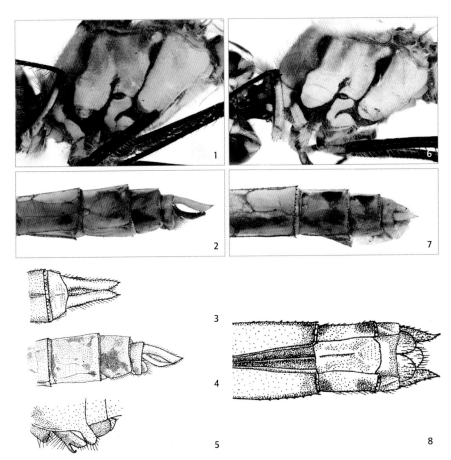

1 옆가슴(수컷) **2** 교미부속기(수컷) **3** 교미부속기 윗면(수컷) **4** 교미부속기 옆면(수컷) **5** 생식기(수컷) **6** 옆가슴(암컷)
7 교미부속기(암컷) **8** 교미부속기 아랫면(암컷)

두점박이좀잠자리

Sympetrum eroticum (Selys, 1883)

옆면(수컷)

옆면(암컷)

형태 특징

배 길이는 약 23㎜, 뒷날개 길이는 약 26㎜이다. 뒷머리는 노란색이고, 이마 또는 이마 밑에 크고 검은 무늬가 있다. 이마는 노란색이고, 검은 점이 1쌍 있다. 이마조각, 윗입술조각, 윗입술, 아랫입술은 노란색이고, 가슴은 선명한 노란색이다. 가운데가슴은 노란색이고 검은색 줄이 있다. 가슴 옆쪽은 노란색 또는 갈색이고, 검은색 줄이 분명치 않다. 배는 붉은색인데 수컷은 민무늬이며, 암컷은 검은색 무늬가 있다. 미모는 노란색이며, 날개는 투명하고 민무늬다. 날개맥은 흑갈색이고, 가두리무늬는 갈색이다.

생태 특징

암컷과 수컷은 교미 후에도 교미 자세 그대로 있다가 산란장소를 발견한 뒤에 자세를 푼다. 유충은 저수지, 연못, 늪, 농수로 등에 서식한다.

국내 분포 전국
국외 분포 일본, 중국

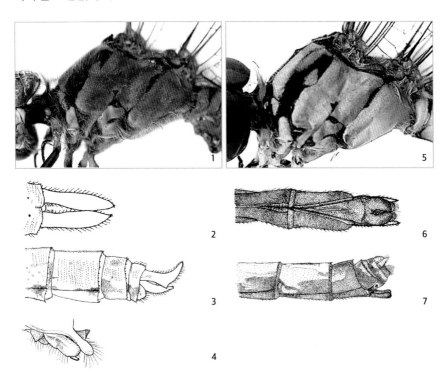

1 옆가슴(수컷) 2 교미부속기 윗면(수컷) 3 교미부속기 옆면(수컷) 4 생식기(수컷) 5 옆가슴(암컷) 6 교미부속기 아랫면 (암컷) 7 교미부속기 옆면(암컷)

고추좀잠자리
Sympetrum frequence (Selys, 1883)

옆면(수컷)

옆면(암컷)

형태 특징

배 길이는 20~26mm이며, 뒷날개 길이는 23~32mm이다. 갓 날개 돋은 개체는 암컷과 수컷 모두 가슴이 노란색이며, 배는 주황색이다. 가을이 되면 가슴이 갈색으로 변하고, 수컷은 배 전체가 붉은색, 암컷은 배 위쪽만 붉은색이다.

생태 특징

성충은 낮은 지역의 못이나 늪에서 6, 7월에 보이기 시작해 점차 높은 지대로 이동한다. 여름에는 산꼭대기에서 무리를 지내다가 기온이 내려가면 다시 산 아래쪽으로 내려와 물가나 연못에서 산란한다.

국내 분포 중부, 북부
국외 분포 일본, 중국, 동유럽 및 중부유럽

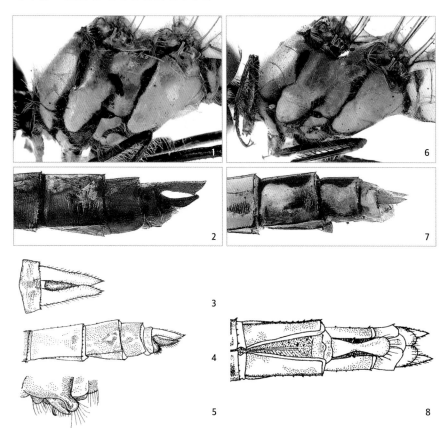

1 옆가슴(수컷) **2** 교미부속기(수컷) **3** 교미부속기 윗면(수컷) **4** 교미부속기 옆면(수컷) **5** 생식기(수컷) **6** 옆가슴(암컷)
7 교미부속기(암컷) **8** 교미부속기 아랫면(암컷)

붉은좀잠자리

Sympetrum flaveolum (Linnaeus, 1758)

옆면(수컷)

옆면(암컷)

형태 특징

암컷과 수컷의 크기가 같으며 배 길이 21~26㎜, 뒷날개 길이 26~30㎜이다. 등갈색 바탕에 검은 무늬가 있으며, 날개 기부, 배 아랫면도 등갈색이다. 암컷과 수컷의 3~9배마디 옆면 아래는 검은색, 8, 9배마디 윗면에 검은색 무늬가 있다.

생태 특징

추운 지역인 북부 산지 약 2,000m 지대의 늪에 서식하며, 성충은 7, 8월에 관찰된다. 과거 백두산 주변에서 채집되었다는 기록이 있지만 현재까지 관찰되지 않고 있어 추후 연구가 필요한 종이다.

국내 분포 북한
국외 분포 중국, 유라시아, 북아프리카

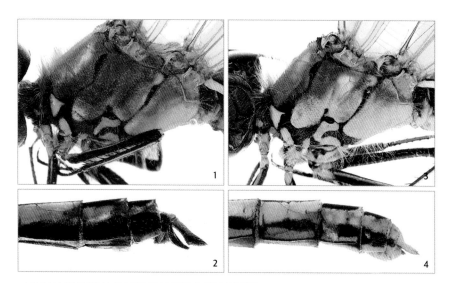

1 옆가슴(수컷) 2 교미부속기(수컷) 3 옆가슴(암컷) 4 교미부속기(암컷)

깃동잠자리

Sympetrum infuscatum (Selys, 1883)

옆면(수컷)

옆면(암컷)

형태 특징

암컷과 수컷 모두 검은색 줄무늬가 있으며, 날개 끝에 진한 깃동무늬가있다. 옆가슴에는 굵고 검은 선이 2줄 있으며, 가늘고 검은 선이 위 아래로 끝까지 연결된다.

생태 특징

한반도 각지에 분포하며 제주도에서도 기록이 있으나 매우 드물다. 울릉도에서는 아직까지 관찰되지 않았다. 평지, 구릉지의 늪에 서식하며, 성충은 6월 중순부터 10월 말까지 관찰된다.

국내 분포 전국
국외 분포 일본, 중국

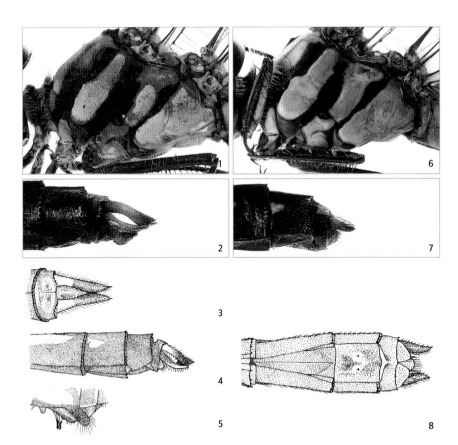

1 옆가슴(수컷) 2 교미부속기(수컷) 3 교미부속기 윗면(수컷) 4 교미부속기 옆면(수컷) 5 생식기(수컷) 6 옆가슴(암컷)
7 교미부속기(암컷) 8 교미부속기 아랫면(암컷)

흰얼굴좀잠자리

Sympetrum kunckeli (Selys, 1884)

옆면(수컷)

옆면(암컷)

형태 특징

미성숙 개체는 얼굴이 우윳빛을 띠며, 옆 가슴에는 밝은 노란색 바탕에 짧고 검은 줄무늬가 불규칙하게 나열된다. 성숙하면 수컷의 얼굴은 푸른빛이 감도는 청백색, 가슴은 짙은 갈색, 배는 선명한 붉은색으로 변한다. 그에 비해 암컷의 얼굴은 담황색으로 변하고, 가슴과 배는 등갈색을 띠며, 각 마디에 선모양으로 짧고 검은색 줄무늬가 나열된다. 날개는 투명하고, 날개맥은 갈색, 가두리무늬는 적갈색이다.

생태 특징

우화 후 미성숙 개체는 부근의 풀숲이나 산속으로 이동해 나무 그늘이나 벼과 식물 주변의 어두운 풀숲에서 생활하며 성숙한다. 성숙한 수컷은 물가로 돌아와 일정 구역을 텃세권으로 삼고, 가까이 있는 암컷과 2~3시간 동안 교미한다. 교미가 끝나면 암수는 연결한 채로 정수식물이 무성한 얕은 물가를 돌아다니면서 적당한 장소를 발견하면 교미 자세를 잠시 풀고 연속적으로 배로 물을 치며 산란한다.

국내 분포 전국
국외 분포 일본, 중국, 시베리아

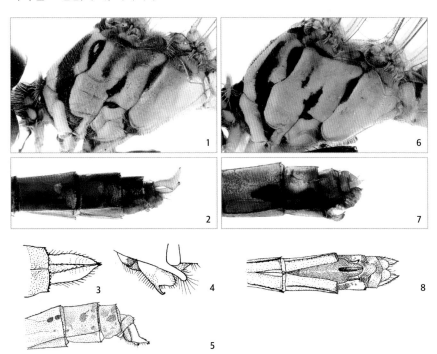

1 옆가슴(수컷) 2 교미부속기(수컷) 3 교미부속기 윗면(수컷) 4 생식기(수컷) 5 교미부속기 옆면(수컷) 6 옆가슴(암컷)
7 교미부속기(암컷) 8 교미부속기 아랫면(암컷)

날개띠좀잠자리

Sympetrum pedemontanum elatum (Selys, 1872)

윗면(수컷)

옆면(수컷)

윗면(암컷)

옆면(암컷)

형태 특징

수컷은 배마디가 붉은색이며, 암컷은 노란색이다. 암컷과 수컷 모두 날개 끝에 검은색 띠 무늬가 있다. 옆가슴은 색이 연하며 실 같은 옆선이 있다. 암컷 배마디 끝에 검은색 무늬가 있다.

생태 특징

한반도 각지와 제주도에 분포하며, 주로 저산지나 산림의 느린 유수역에 서식한다. 성충은 7월 초순에서 10월까지 관찰된다.

국내 분포 전국
국외 분포 일본, 러시아

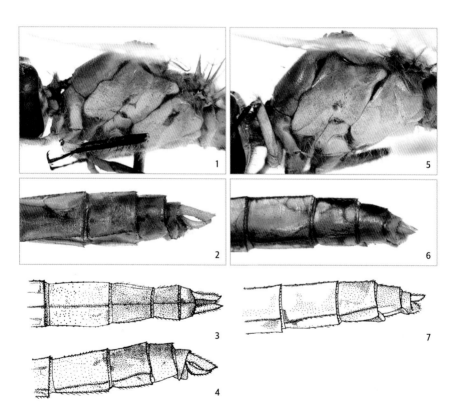

1 옆가슴(수컷) **2** 교미부속기(수컷) **3** 교미부속기 윗면(수컷) **4** 교미부속기 옆면(수컷) **5** 옆가슴(암컷) **6** 교미부속기(암컷)
7 교미부속기 옆면(암컷)

들깃동잠자리
Sympetrum risi Bartenef, 1914

옆면(수컷)

옆면(암컷)

형태 특징

수컷은 붉은색이며, 암컷은 노란색에 검은 무늬가 산재한다. 옆가슴의 검은 측선이 뚜렷하며, 날개 끝쪽에 검은색 깃동무늬가 나타난다. 수컷의 교미부속기는 길며, 상부속기 끝은 사선으로 아래쪽으로 휜다.

생태 특징

드물게 보이며, 성충은 산지의 연못이나 물이 고인 주변에서 6~10월에 관찰된다.

국내 분포 전국
국외 분포 일본, 중국

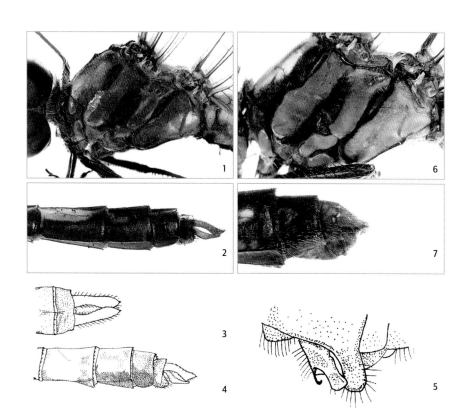

1 옆가슴(수컷) **2** 교미부속기(수컷) **3** 교미부속기 윗면(수컷) **4** 교미부속기 옆면(수컷) **5** 생식기(수컷) **6** 옆가슴(암컷) **7** 교미부속기(암컷)

하나잠자리

Sympetrum speciosum Oguma, 1915

옆면(수컷)

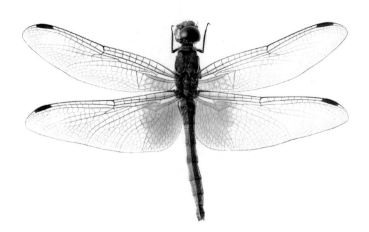

옆면(암컷)

형태 특징

배 길이 35~40㎜이며, 뒷날개 길이 40~43㎜이다. 뒷머리는 수컷이 흑갈색, 암컷이 노란색이다. 이마혹은 검은색이며, 이마, 머리방패, 윗입술은 수컷은 은빛 광택이 나는 회흑색, 암컷은 노란색이다. 가슴과 배는 수컷이 회색 바탕에 흰 가루가 덮여 있으며, 암컷은 노란색이다. 가슴 옆면에는 검은색 줄무늬가 3줄 있고, 3~6배마디에는 검은색 줄무늬가 있다. 7~9배마디는 검은색, 10배마디는 유백색이다. 미모의 상부속기와 꼬리털도 흰색이다. 날개는 투명하고 날개맥과 가두리무늬는 흑갈색이다. 성숙할수록 수컷은 검은색이 진해지는 반면 암컷은 약간 녹색을 띤 진한 황갈색으로 변하면서 배마디 양옆의 검은색 무늬가 더 진해진다.

생태 특징

한반도 각지와 울릉도, 제주도 등 도서에 분포한다. 지역 변이가 있어 여러 개 아종으로 구분하기도 한다. 주로 평지, 구릉지나 저산지의 늪, 습지의 웅덩이, 논, 농수로, 저수지 등에 서식하며, 성충은 4월 중순부터 10월 중순까지 관찰된다.

국내 분포 강원도 북부
국외 분포 일본, 중국, 러시아

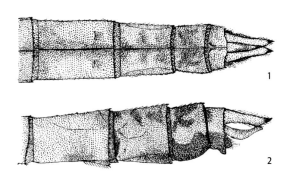

1 교미부속기 윗면(수컷) 2 교미부속기 옆면(수컷)

대륙좀잠자리

Sympetrum striolatum (Charpentier, 1840)

옆면(수컷)

옆면(암컷)

형태 특징

암컷과 수컷의 크기가 같으며, 배 길이 26~30㎜, 뒷날개 길이 27~34㎜이다. 전체적으로 노란색 바탕에 검은색 무늬가 있다. 성숙한 수컷의 배는 붉은색이며, 4~9배마디의 옆면에는 작고 검은 무늬가 있다. 암컷 배 윗면은 연갈색이며, 3~9배마디의 옆면과 8, 9배마디 윗면에 검은 무늬가 있다.

생태 특징

한반도 전역 및 섬 지역까지 골고루 분포한다. 평지의 늪에 서식하며, 해안 물가에서도 보인다. 성충은 6월 상순에서 11월까지 관찰된다.

국내 분포 전국
국외 분포 일본, 중국
특이 사항 기후변화 생물지표종

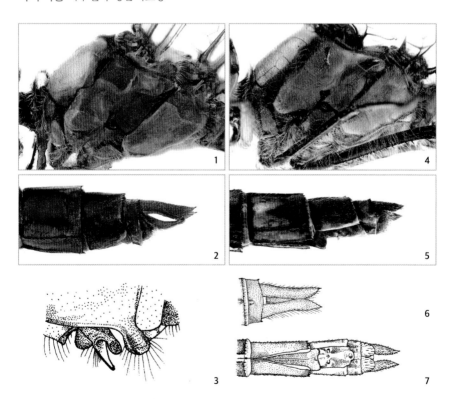

1 옆가슴(수컷) 2 교미부속기(수컷) 3 생식기(수컷) 4 옆가슴(암컷) 5 교미부속기(암컷) 6 교미부속기 윗면(암컷) 7 교미부속기 아랫면(암컷)

진노란잠자리

Sympetrum uniforme (Selys, 1883)

옆면(수컷)

옆면(암컷)

형태 특징

국내 좀잠자리류 중 몸이 가장 크다. 배 길이 30~36㎜, 뒷날개 길이 33~39㎜이다. 몸은 전체적으로 선명한 등황색을 띠나, 가슴과 배 등에 특별한 무늬가 나타나지 않는다. 성숙하면 머리, 가슴, 배가 연한 녹색으로 변한다. 날개는 투명하고 연한 갈색이며, 기부와 위쪽 가두리는 색이 짙다. 햇빛을 받으면 날개가 아름다운 황금색으로 빛난다.

생태 특징

7월 초순부터 11월까지 볼 수 있다. 수컷은 물가 근처의 숲속에 있다가 교미 시기가 되면 물가로 돌아와 세력권을 주장한다. 교미가 끝나면 대부분 암컷과 수컷은 서로 떨어지지 않은 채로 수생식물이 많은 물 위를 낮게 날면서 배로 물을 치듯 산란한다. 그러나 암컷 홀로 물속의 진흙이나 모래에 산란관을 꽂고 산란하는 경우도 있다.

국내 분포 전국
국외 분포 일본, 중국

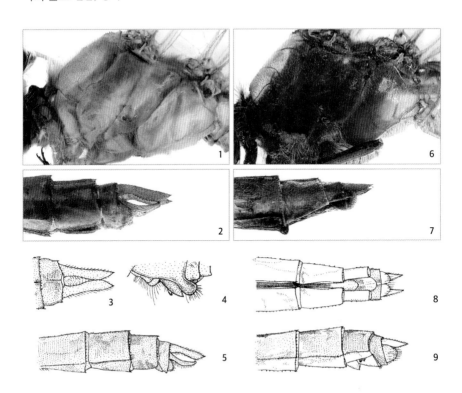

1 옆가슴(수컷) **2** 교미부속기(수컷) **3** 교미부속기 윗면(수컷) **4** 생식기(수컷) **5** 교미부속기 옆면(수컷) **6** 옆가슴(암컷)
7 교미부속기(암컷) **8** 교미부속기 윗면(암컷) **9** 교미부속기 아랫면(암컷)

노란허리잠자리

Pseudothemis zonata (Burmeister, 1839)

윗면(수컷)

옆면(수컷)

옆면(암컷)

형태 특징

배 길이 약 30㎜, 뒷날개 길이 약 40㎜이다. 얼굴은 검은색이고, 중앙부는 어두운 노란색, 뒷머리와 이마혹은 검은색이다. 이마는 노란색이며 위쪽은 흑갈색이다. 윗입술은 검은색이고 아랫입술은 노란색이다. 가슴은 검은색 또는 흑갈색이고, 가운데가슴은 갈색이다. 가슴 옆면은 검으며 가느다란 노란색 줄이 2개 있다. 수컷의 2배마디가 뚜렷하게 굵으며, 3, 4배마디는 흰색 또는 황백색이고, 그 이하는 검은색이다. 암컷의 2배마디는 두드러지게 굵지는 않다. 배 끝은 검은색이며 가늘고 길다. 날개는 투명하고 앞 끝은 갈색이며, 뒷날개 밑에 검은 무늬가 있다. 날개맥과 가두리맥은 검은색이며, 다리는 짧고 검다.

생태 특징

한반도 북부 지역에는 적게 분포하며, 중부 및 남부 각지와 제주도에 여기저기 흩어져 나타난다. 평지나 구릉지의 늪에 서식하며, 성충은 5월부터 10월까지 볼 수 있고, 서식지에서 멀리 떠나지 않는다.

국내 분포 전국
국외 분포 일본, 중국, 베트남

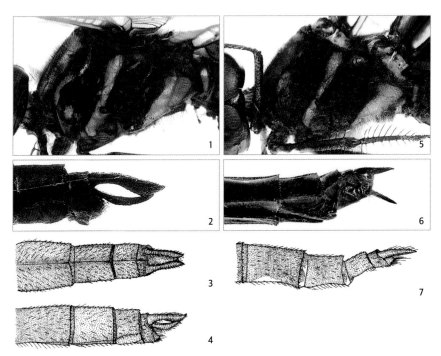

1 옆가슴(수컷) 2 교미부속기(수컷) 3 교미부속기 윗면(수컷) 4 교미부속기 옆면(수컷) 5 옆가슴(암컷) 6 교미부속기(암컷)
7 교미부속기 옆면(암컷)

나비잠자리

Rhyothemis fulignosa Selys, 1883

윗면(수컷)

옆면(수컷)

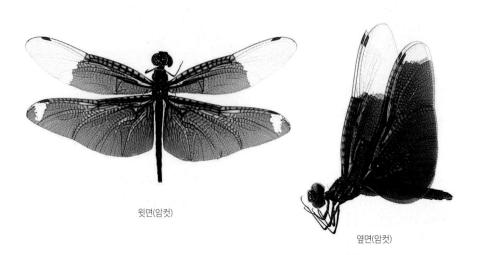

윗면(암컷)

옆면(암컷)

형태 특징

배 길이는 수컷 22~26㎜, 암컷 21~24㎜이다. 뒷날개 길이는 암컷과 수컷이 같으며, 33~38 ㎜이다. 몸 대부분은 검은색 바탕에 자줏빛과 남색이 강하게 돌며 무늬는 없다. 날개는 암 수 모두 앞날개 끝 부분을 제외하고는 자줏빛과 남색이 강한 검은색이다.

생태 특징

북부 산지를 제외한 한반도 여러 지역에 분포하며, 제주도와 완도에서도 나타난다. 주로 평지나 구릉지의 정수식물이 많은 늪에 서식하며, 성충은 6월 상순부터 9월 말까지 관찰된 다. 중·남부 여러 지역에 널리 분포하나 개발로 이해 서식지가 감소하는 것으로 추정한다.

국내 분포 전국
국외 분포 일본, 중국

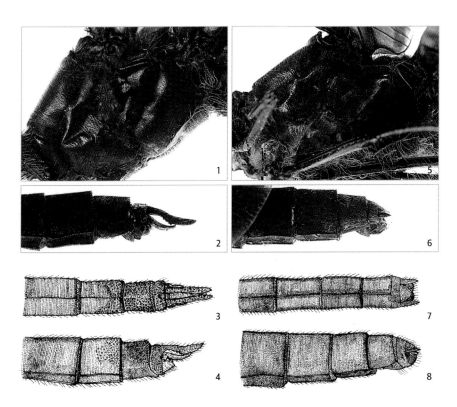

1 옆가슴(수컷) 2 교미부속기(수컷) 3 교미부속기 윗면(수컷) 4 교미부속기 옆면(수컷) 5 옆가슴(암컷) 6 교미부속기(암컷)
7 교미부속기 윗면(암컷) 8 교미부속기 아랫면(암컷)

된장잠자리

Pantala flavescens (Fabricius, 1798)

윗면(수컷)

옆면(수컷)

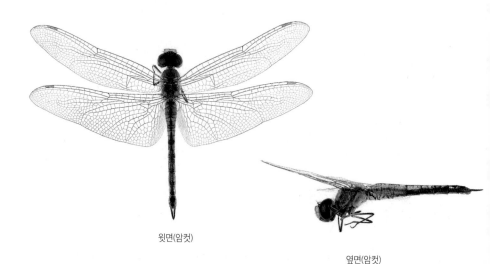

윗면(암컷)

옆면(암컷)

형태 특징
암컷과 수컷 모두 노란색을 띠며, 가슴 옆면은 다소 투명하다. 배 윗면에 세로로 검은 무늬가 있으며, 8~10배마디 윗면에 검은색 원형 무늬가 있다.

생태 특징
유충은 연못과 습지에서 서식하며, 염분기가 있는 바닷가 근처의 정수지역에서도 많은 개체가 보인다. 성충 암수는 교미 후 연결한 채로 날아다니며, 연못, 방죽, 저수지, 늪, 하천변의 수생식물의 조직에 산란한다. 알이 부화하면 새우모양 전유충이 되고 허물을 벗어 유충이 된다. 초기에는 물벼룩 같은 작은 생물을 먹다가 성장하면서 장구벌레, 실지렁이, 송사리, 올챙이 등을 잡아먹는다. 완전히 성숙한 유충은 물 위 정수식물 줄기의 30~70㎝ 지점에서 멈춰 서서 도수형으로 우화하며, 날아가기까지 약 5시간이 걸린다.

국내 분포 전국
국외 분포 일본, 중국, 동남아시아, 보르네오, 아메리카

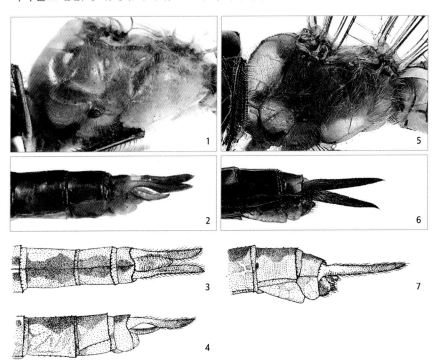

1 옆가슴(수컷) 2 교미부속기(수컷) 3 교미부속기 윗면(수컷) 4 교미부속기 옆면(수컷) 5 옆가슴(암컷) 6 교미부속기(암컷)
7 교미부속기 윗면(암컷)

날개잠자리

Tramea virginia (Rambur, 1842)

윗면(수컷)

옆면(수컷)

윗면(암컷)

옆면(암컷)

형태 특징

몸길이는 약 52㎜이며, 뒷날개 아래쪽에 적갈색 무늬가 넓게 퍼져 있다. 수컷의 배는 적갈색이며, 암컷의 배는 황토색이다. 수컷의 상부속기는 매우 길게 앞으로 뻗으며, 하부속기는 상부속기의 절반 길이다. 암컷의 미모는 길며, 산란관은 매우 작다.

생태 특징

한반도 중부 및 남부 지역과 몇몇 도서에서 나타나는 비래종으로 판단된다. 하지만 정착종인지 비래 개체의 일시적인 발생인지는 정확한 조사가 필요하다.

국내 분포 북부, 남부
국외 분포 일본, 중국, 태국, 미얀마, 보르네오, 북유럽

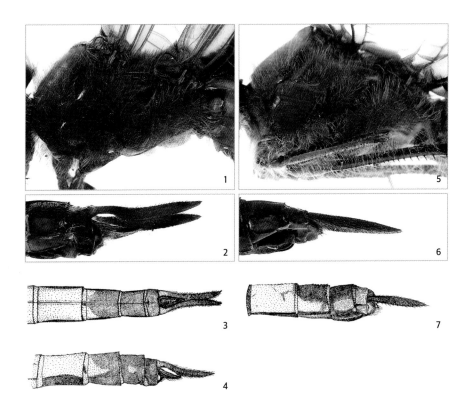

1 옆가슴(수컷) 2 교미부속기(수컷) 3 교미부속기 윗면(수컷) 4 교미부속기 옆면(수컷) 5 옆가슴(암컷) 6 교미부속기(암컷)
7 교미부속기 옆면(암컷)

일본종

큰담색물잠자리
Mnais nawai Yamamoto, 1956

수컷 배 길이 40~50㎜, 암컷 38~44㎜이다. 수컷 뒷날개 길이는 33~42㎜, 암컷은 36~43㎜
이다. 수컷은 금속광택이 나는 녹색이다. 날개는 기부를 제외하고 밝은 갈색에서 어두운
갈색이다. 암컷의 날개는 투명하거나 맑은 갈색이다. 성충은 주로 평지나 구릉지의 수초
가 무성한 지역의 맑은 물이 흐르는 곳에 서식하며, 3월 중순에서 7월 상순까지 활동한다.

표본 번호 NSMK-IN-0000910
채집 날짜 1994-V-26
채집 지역 일본

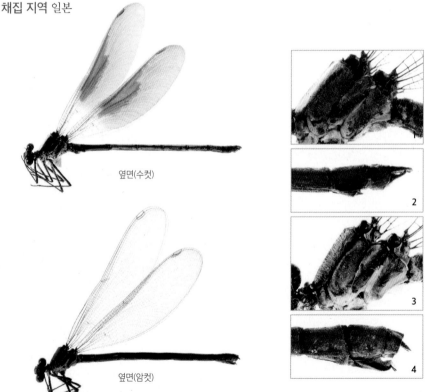

옆면(수컷)

옆면(암컷)

1 옆가슴(수컷) 2 교미부속기(수컷) 3 옆가슴(암컷) 4 교미부속기(암컷)

중국물잠자리

Psolodesmus mandarinus McLachlan, 1870

배 길이 51~58㎜이고, 뒷날개 길이 41~48㎜이다. 가슴은 금속광택이 나는 녹색이다. 날개는 검은 갈색이지만 기부로부터 3/4 부근은 흰색이다. 배는 흑갈색이나 1, 2배마디는 어두운 녹색이다. 성충은 3월부터 12월까지 출현하며, 숲의 물가 부근에 나타난다. 수컷들은 짝짓기를 하기 위해 암컷 부근에 앉으며, 암컷은 이끼가 낀 돌, 물에 잠긴 잎, 수생식물에 산란한다.

표본 번호 NSMK-IN-0001295
채집 날짜 1987-IX-03
채집 지역 일본

옆면(수컷)

옆면(암컷)

1 옆가슴(수컷) **2** 교미부속기(수컷) **3** 옆가슴(암컷) **4** 교미부속기(암컷)

꼬마실잠자리

Agriocnemis pygmaea Rambur, 1842

암컷과 수컷의 크기가 비슷하며, 배 길이는 약 15㎜, 뒷날개 길이는 약 9㎜이다. 전 세계 실잠자리 가운데 가장 작으며, 수컷은 밝은 황록색 바탕에 검은색 무늬가 있고, 8배마디 이하는 밝은 노란색이다. 암컷의 앞가슴 윗면에 검은 반점이 있는 것이 특징이다. 주로 낮은 지역의 습지, 수로, 논 등에 서식한다. 성충은 우화한 지역 부근 식물 주변에서 3월부터 9월까지 관찰된다. 과거 한국에 기록이 있지만 표본이 확인되지 않아서 최근 국내 잠자리 목록에서 제외했다. 호주를 포함한 열대지역에 서식한다고 알려졌다.

표본 번호 NSMK-IN-0001170
채집 날짜 1998-VI-28
채집 지역 일본

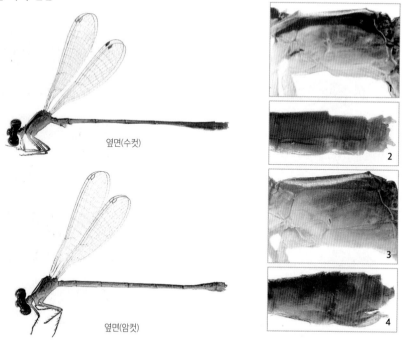

옆면(수컷)

옆면(암컷)

1 옆가슴(수컷) 2 교미부속기(수컷) 3 옆가슴(암컷) 4 교미부속기(암컷)

일본물잠자리

Calopteryx cornelia Selys, 1853

몸 전체가 푸른색을 띠며, 날개는 밝은 갈색으로 투명하다. 뒷날개 끝쪽에 짙은 갈색 띠가 있다. 일본 특산종으로 알려졌으며, 과거 한국에서의 기록은 국내 물잠자리(*C. japonicus*)를 오동정한 것으로 보여 재검토가 이루어져야 한다.

표본 번호 NSMK-IN-0001313
채집 날짜 1999-Ⅷ-28
채집 지역 일본

옆면(수컷)

옆면(암컷)

1 옆가슴(수컷) 2 교미부속기(수컷) 3 옆가슴(암컷) 4 교미부속기(암컷)

산실잠자리

Coenagrion terue Asahina, 1949

암컷과 수컷의 크기는 비슷하며, 배 길이 25~30㎜, 뒷날개 길이 18~24㎜이다. 밝은 푸른색 바탕에 검은 줄무늬가 있다. 수컷의 배는 밝은 푸른색이며, 2~7배마디 윗면은 검은색이다. 암컷의 배는 밝은 녹색 또는 청백색이다. 성충은 주로 5월 하순부터 9월 초순까지 나타난다. 산에 수생식물이 무성하고 차가운 습지에 서식한다.

표본 번호 NSMK-IN-0000876
채집 날짜 1997-Ⅷ-12
채집 지역 일본

옆면(수컷)

옆면(암컷)

1 옆가슴(수컷) **2** 교미부속기(수컷) **3** 옆가슴(암컷) **4** 교미부속기(암컷)

북방알락실잠자리

Enallagma boreale circulatum Selys, 1883

수컷 배 길이 25~32㎜, 암컷 배길이 24~30㎜이다. 수컷 뒷날개 길이 19~24㎜, 암컷 뒷날개 길이 21~25㎜이다. 전반적으로 수컷은 청백색 바탕에 검은 무늬가 있다. 암컷은 황록색이다. 주로 낮은 지역의 다양한 수초가 있는 저수지나 연못에 서식하며, 성충은 5월 하순부터 9월 중순까지 활동한다.

표본 번호 NSMK-IN-0001233
채집 날짜 1990-Ⅶ-01
채집 지역 일본

옆면(수컷)

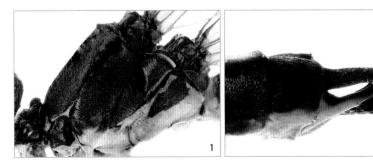

1 옆가슴(수컷) 2 교미부속기(수컷)

기수황동색실잠자리

Mortonagrion hirosei Asahina, 1972

암컷과 수컷의 크기는 같으며, 배 길이 22~25㎜, 뒷날개 길이 13~16㎜이다. 수컷은 눈 뒤쪽에 무늬가 4개 있으며, 앞가슴 윗면에도 황록색 무늬가 4개 있다. 암컷은 정수리에 검은 오각형 무늬가 있다. 주로 하천과 바다가 만나는 기수지역 가운데 수초가 많은 곳에 서식한다. 성충은 6월 초순부터 9월까지 활동한다.

표본 번호 NSMK-IN-0001160
채집 날짜 1999-VI-29
채집 지역 일본

옆면(수컷)

옆면(암컷)

1 옆가슴(수컷) 2 교미부속기(수컷) 3 옆가슴(암컷) 4 교미부속기(암컷)

방패실잠자리

Platycnemis foliacea sasakii Asahina, 1949

수컷 배 길이 25~32㎜, 암컷 배길이 24~30㎜이다. 수컷 뒷날개 길이 19~24㎜, 암컷 뒷날개 길이 21~25㎜이다. 수컷은 가운데다리와 뒷다리 종아리마디가 방패모양이다. 전체적으로 수컷은 청백색 바탕에 검은 무늬가 있으며, 암컷은 황록색이다. 주로 낮은 지역의 다양한 수초가 있는 저수지나 연못에 서식한다. 성충은 5월 하순부터 9월 중순까지 관찰된다. 과거 국내에 분포한다고 알려졌으나 최근 국내 잠자리목록에서 제외했으며, 일본 고유종이다.

표본 번호 NSMK-IN-0001237
채집 날짜 1998-VI-27
채집 지역 일본

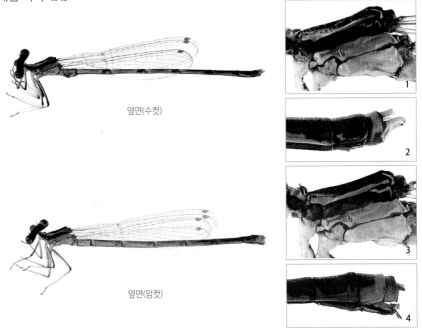

옆면(수컷)

옆면(암컷)

1 옆가슴(수컷) 2 교미부속기(수컷) 3 옆가슴(암컷) 4 교미부속기(암컷)

이끼살이실잠자리

Rhipidolestes aculeatus aculeatus Ris, 1912

수컷 배 길이 32~36㎜, 암컷 배 길이 29~32㎜이다. 수컷 뒷날개 길이 23~27㎜, 암컷 뒷날개 길이 22~25㎜이다. 짙은 갈색 바탕에 노란색 무늬가 있다. 3~7배마디 앞부분에는 노란색의 둥근 무늬가 있다. 성충은 주로 3월 중순부터 8월 말까지 활동한다. 산림 속 그늘진 물가 근처에 서식하며, 같은 종끼리 공격하는 것이 흔히 관찰된다.

표본 번호 NSMK-IN-0000929
채집 날짜 1992-VI-28
채집 지역 일본

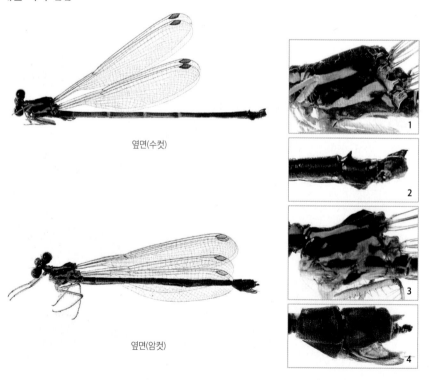

옆면(수컷)

옆면(암컷)

1 옆가슴(수컷) **2** 교미부속기(수컷) **3** 옆가슴(암컷) **4** 교미부속기(암컷)

섬이끼살이실잠자리

Rhipidolestes aculeatus yakusimensis Asahina, 1951

수컷 배 길이 32~36㎜이며, 암컷 배 길이 29~32㎜이다. 수컷 뒷날개 길이 23~27㎜, 암컷 뒷날개 길이 22~25㎜이다. 짙은 갈색 바탕에 노란색 무늬가 있다. 3~7배마디 앞부분에 노란색 둥근 무늬가 있다. 성충은 주로 3월 중순부터 8월 말까지 나타난다. 산림 속 그늘진 물가에서 같은 종끼리 공격하는 것이 흔히 관찰된다. 수생식물이 무성하고 차가운 습지에 서식한다.

표본 번호 NSMK-IN-0000926
채집 날짜 1993-V-15
채집 지역 일본

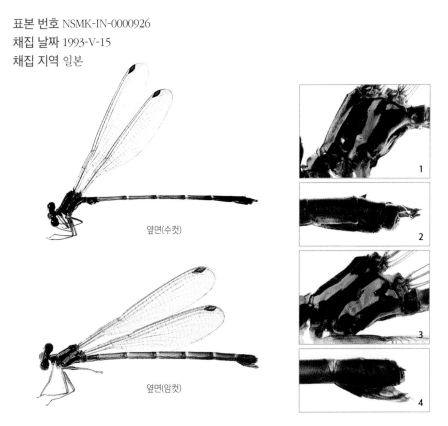

옆면(수컷)

옆면(암컷)

1 옆가슴(수컷) 2 교미부속기(수컷) 3 옆가슴(암컷) 4 교미부속기(암컷)

사국이끼살이실잠자리

Rhipidolestes hiraoi Yamamoto, 1955

수컷 배 길이 38~43㎜, 암컷 배 길이 33~36㎜이다. 뒷날개 길이는 27~31㎜로 암수 차이가 없다. 전반적으로 짙은 갈색 바탕에 노란색 무늬가 있으며, 일본에 분포하는 *Rhipidolestes* 속 실잠자리 가운데 가장 크다. 가슴의 옆면은 짙은 갈색이며 비교적 큰 노란색 무늬가 있다. 성충은 주로 산림의 어둡고 습기가 많은 계류에 서식하며, 5월 중순에서 9월 상순까지 활동한다.

표본 번호 NSMK-IN-0001252
채집 날짜 2000-VII-22
채집 지역 일본

옆면(수컷)

옆면(암컷)

1 옆가슴(수컷) 2 교미부속기(수컷) 3 옆가슴(암컷) 4 교미부속기(암컷)

북방별박이잠자리

Aeshna subarctica subarctica Walker, 1908

수컷 배 길이 48~53㎜, 암컷 배 길이 45~50㎜이다. 수컷 뒷날개 길이 42~45㎜, 암컷 뒷날개 길이 43~468㎜이다. 검은색 바탕에 황록색 무늬가 있다. 가슴 옆면에 있는 검은 측선 2개 사이에 매우 작은 황록색 또는 황백색 측선이 있다. 성충은 주로 6월 상순부터 10월 하순까지 나타나며, 추운 지역의 습지에 서식한다. 일본과 시베리아 등지에 분포한다.

표본 번호 NSMK-IN-0001018
채집 날짜 1988-Ⅷ-15
채집 지역 일본

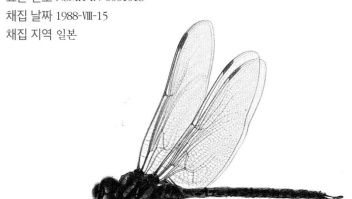

옆면(수컷)

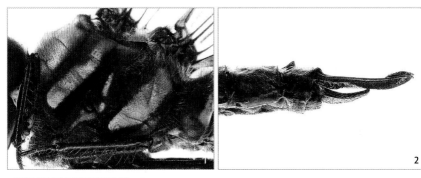

2

1 옆가슴(수컷) **2** 교미부속기(수컷)

흑줄왕잠자리

Anaciaeschna jaspidea Burmeister, 1839

수컷 배 길이 45~52㎜, 암컷 배 길이 43~47㎜이다. 수컷 뒷날개 길이 41~46㎜, 암컷 뒷날개 길이 42~48㎜이다. 갈색 바탕에 노란색 무늬가 있다. 가슴은 밝은 녹색이며, 세로로 검은 줄무늬가 있다. 1, 2배마디 옆 부분에 크고 노란 무늬가 있으며, 나머지 마디 옆면에는 작고 노란 무늬가 있다. 성충은 4월 중순부터 10월까지 나타난다. 주로 수생식물이 많은 평지의 따뜻한 습지나 경작하지 않는 논의 도랑에 서식한다. 일본, 대만, 중국 남부, 동남아시아에 분포한다.

표본 번호 NSMK-IN-0000937
채집 날짜 1996-Ⅶ-05
채집 지역 일본

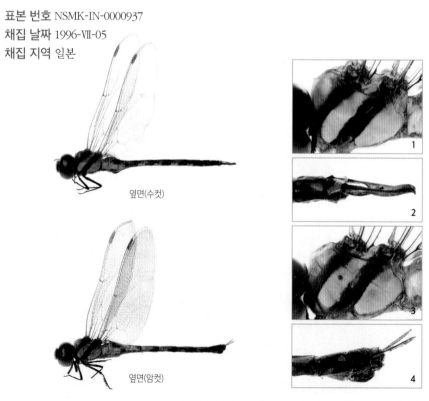

옆면(수컷)

옆면(암컷)

1 옆가슴(수컷) 2 교미부속기(수컷) 3 옆가슴(암컷) 4 교미부속기(암컷)

유구왕잠자리

Anax panybeus Hagen, 1867

수컷 배 길이 60~68㎜, 암컷 배 길이 57~64㎜이다. 뒷날개 길이는 49~55㎜로 암수 크기가 같다. 머리 정수리 부분에는 'T' 자 모양 검은 무늬가 있다. 가슴 옆면은 황록색이다. 3배 마디가 9.3~12.7㎜로 가장 길다. 주로 평지나 구릉지, 낮은 산의 다양한 수초가 있는 습지 및 수로에 서식한다. 성충은 3월 중순부터 12월까지 볼 수 있으며, 대만, 필리핀, 인도네시아, 일본열도에 분포한다.

표본 번호 NSMK-IN-0001120
채집 날짜 1992-Ⅶ-01
채집 지역 일본

옆면(수컷)

옆면(암컷)

2

3

4

1 옆가슴(수컷) 2 교미부속기(수컷) 3 옆가슴(암컷) 4 교미부속기(암컷)

작은황마디왕잠자리
Planaeschna naica Ishida, 1944

수컷 배 길이 45~52㎜, 암컷 배 길이 43~51㎜이다. 수컷 뒷날개 길이 40~49㎜, 암컷 뒷날개 길이 41~47㎜이다. 전반적으로 검은색 바탕에 노란색 무늬가 있다. 가슴 옆면에는 넓은 노란색 무늬가 2개 있다. 3배마디가 현저하게 가늘다. 2~8배마디 윗면 앞쪽에 노란색 고리모양 무늬가 있으며, 수컷은 8, 9배마디의 노란색 무늬가 윗면에서 끊어진다. 주로 산간 지역의 나무가 많고 그늘진 계류에 서식한다. 성충은 6월 상순부터 9월 하순까지 볼 수 있다.

표본 번호 NSMK-IN-0001022
채집 날짜 2000-Ⅶ-03
채집 지역 일본

옆면(수컷)

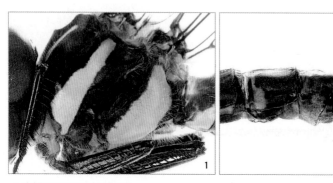

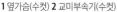

1 옆가슴(수컷) 2 교미부속기(수컷)

황마디왕잠자리

Planaeschna milnei Selys, 1883

수컷 배 길이 49~59mm, 암컷 배 길이 47~56mm이다. 수컷 뒷날개 길이 43~52mm, 암컷 뒷날개 길이 45~56mm이다. 전반적으로 검은색 바탕에 노란색 무늬가 반복적으로 나타난다. 가슴은 검은색이며 윗면에는 '八' 자 모양의 노란색 무늬가 있다. 옆면에는 넓은 노란색 무늬가 1쌍 있다. 성충은 주로 산간 지역의 나무가 많고 어두우며 습한 곳에 살고, 6월 중순에서 11월 중순까지 활동한다.

표본 번호 NSMK-IN-0001261
채집 날짜 1997-X-29
채집 지역 일본

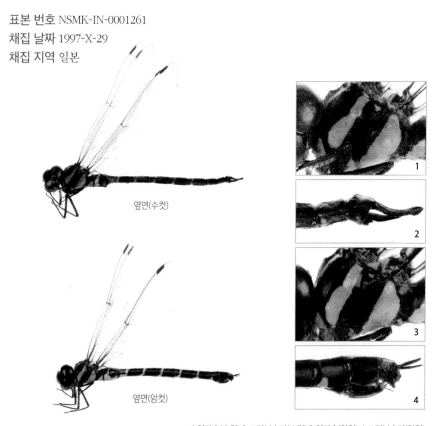

옆면(수컷)

옆면(암컷)

1 옆가슴(수컷) **2** 교미부속기(수컷) **3** 옆가슴(암컷) **4** 교미부속기(암컷)

선도황마디왕잠자리

Planaeschna risi sakishimana Asahina, 1964

수컷 배 길이 50~54㎜, 암컷 배 길이 49~56㎜이다. 수컷 뒷날개 길이 47~50㎜, 암컷 뒷날개 길이 49~54㎜이다. 전반적으로 검은색 바탕에 노란색 무늬가 있다. 가슴 옆면에는 넓은 노란색 무늬가 2개 있으며, 3배마디는 현저하게 가늘다. 2~8배마디 윗면 앞쪽에는 노란색 고리모양 무늬가 있다. 주로 산간 지역의 나무가 많고 그늘진 계류에 서식한다. 성충은 6월 상순부터 11월 말까지 활동한다.

표본 번호 NSMK-IN-0001020
채집 날짜 1992-X-03
채집 지역 일본

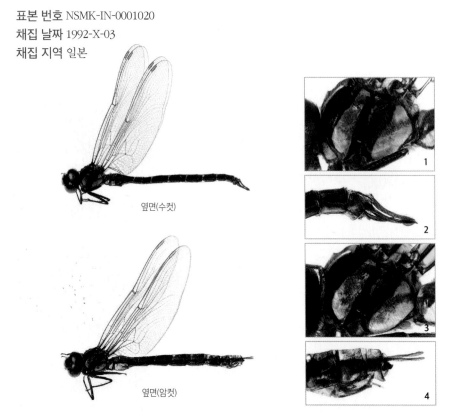

옆면(수컷)

옆면(암컷)

1 옆가슴(수컷) 2 교미부속기(수컷) 3 옆가슴(암컷) 4 교미부속기(암컷)

남방부채측범잠자리

Ictinogomphus pertinax (Selys, 1854)

수컷 배 길이 48~52㎜, 암컷 배 길이 50~56㎜이다. 수컷 뒷날개 길이 38~42㎜, 암컷 뒷날개 길이 41~46㎜이다. 전반적으로 검은색 바탕에 노란색 무늬가 있다. 8배마디가 넓게 팽창되며, 가슴 옆면은 황색으로 검은 줄무늬가 1쌍 있다. 성충은 주로 평지의 수초가 많은 저수지나 습지 그리고 수로에 서식하며, 4월 중순에서 11월 중순까지 활동한다.

표본 번호 NSMK-IN-0001447
채집 날짜 1992-VI-13
채집 지역 일본

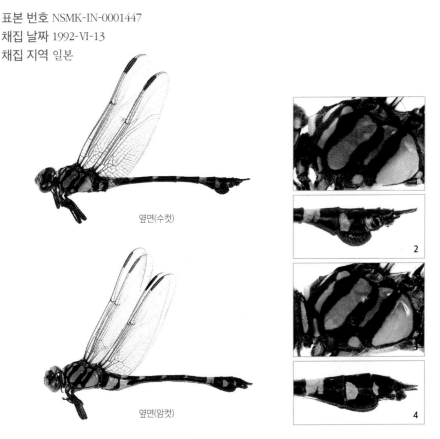

옆면(수컷)

옆면(암컷)

2

4

1 옆가슴(수컷) 2 교미부속기(수컷) 3 옆가슴(암컷) 4 교미부속기(암컷)

굵은줄측범잠자리
Lanthus fujiacus (Fraser, 1936)

암컷과 수컷의 크기가 거의 같으며, 배 길이 27~32㎜, 뒷날개 길이 24~28㎜이다. 전반적으로 수컷은 검은색에 노란색 무늬가 있다. 가슴 옆면은 노란색이며 첫 번째 측선이 두 번째 검은 측선과 서로 연결된다. 배는 검은색이며, 수컷은 1~3배마디, 암컷은 1~7배마디 윗면에 좁은 노란색 세로무늬가 있다. 성충은 주로 산림의 작은 계류에 서식하며, 4월 중순부터 7월 하순까지 활동한다.

표본 번호 NSMK-IN-0001471
채집 날짜 1974-V-24
채집 지역 일본

옆면(수컷)

옆면(암컷)

1 옆가슴(수컷) 2 교미부속기(수컷) 3 옆가슴(암컷) 4 교미부속기(암컷)

일본푸른측범잠자리

Nihonogomphus viridis Oguma, 1926

전체적으로 검은색 바탕에 노란색 무늬가 있다. 배 길이 41~46㎜, 뒷날개 길이 37~40㎜이다. 앞가슴 윗면에 세로로 가늘게 검은 줄무늬가 있다. 1, 2배마디는 윗면에는 넓게 노란색 무늬가 있으며, 나머지에는 세로로 가늘게 노란색 무늬가 있다. 성충은 계류 부근에서 8월에 관찰된다. 한반도에 분포한다고 알려졌지만 일본 고유종이다.

표본 번호 NSMK-IN-0001440
채집 날짜 1999-V-21
채집 지역 일본

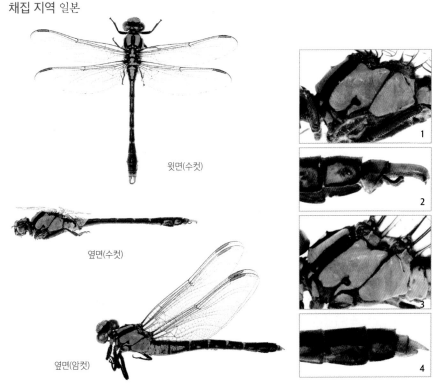

윗면(수컷)

옆면(수컷)

옆면(암컷)

1 옆가슴(수컷) **2** 교미부속기(수컷) **3** 옆가슴(암컷) **4** 교미부속기(암컷)

흰꼬리측범잠자리

Stylogomphus suzukii (Matsumura, 1926)

암컷과 수컷의 크기가 같으며, 배 길이 30~32㎜이며, 뒷날개 길이 22~25㎜이다. 전반적으로 검은색 바탕에 노란색 무늬가 있다. 가슴 옆면에 뚜렷한 'Y' 자 모양 검은 무늬가 있다. 주로 평지나 구릉지의 수초가 무성하고 맑은 물이 흐르는 곳에 서식한다. 성충은 주로 5월 중순에서 9월 상순까지 활동한다.

표본 번호 NSMK-IN-0001455
채집 날짜 1995-Ⅷ-02
채집 지역 일본

옆면(수컷)

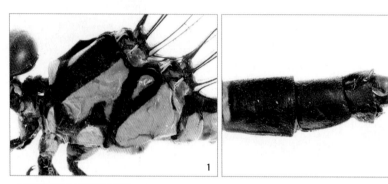

1 옆가슴(수컷) 2 교미부속기(수컷)

가는가시측범잠자리

Trigomphus ogumai Asahina, 1949

수컷 배 길이 33~36㎜, 암컷 배 길이 33~35㎜이다. 수컷 뒷날개 길이 27~29㎜, 암컷 뒷날개 길이 28~30㎜이다. 일본산 측범잠자리속 중에서 가장 크다. 전반적으로 검은색 바탕에 노란색 무늬가 있으며, 옆가슴에 있는 첫 번째 검은 줄무늬는 밑에서부터 중간 정도까지 연결된다. 주로 평지나 구릉지의 수초가 무성한 습지에 서식하며, 성충은 4월 초순부터 6월 하순까지 활동한다.

표본 번호 NSMK-IN-0001407
채집 날짜 1977-V-25
채집 지역 일본

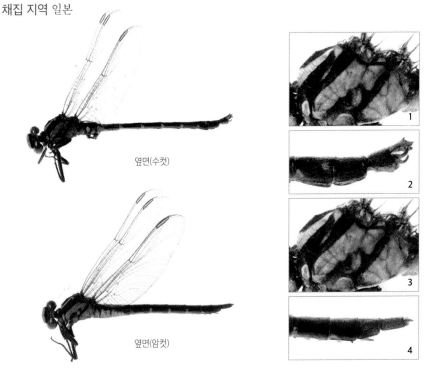

옆면(수컷)

옆면(암컷)

1 옆가슴(수컷) 2 교미부속기(수컷) 3 옆가슴(암컷) 4 교미부속기(암컷)

담색잠자리

Brachythemis contaminata (Fabricius, 1793)

수컷 배 길이 37~48㎜이며, 암컷 배 길이 33~43㎜이다. 암컷 및 수컷의 뒷날개 길이는 30~40㎜이다. 수컷은 금속광택이 강한 녹색이며, 암컷은 구릿빛이다. 일본학자인 도이 (Doi)가 제주도산을 보고한 바 있으나 1960년 이후 확인되지 않았다. 생물지리학적인 측면에서도 분포확률이 적어, 잘못된 기록이나 일시적인 외래종일 것으로 추정한다. 일본에서의 보고에 의하면 성충은 맑은 계류에서 5월부터 7월까지 활동한다.

표본 번호 NSMK-IN-0001744
채집 날짜 1994-V-04
채집 지역 일본

옆면(수컷)

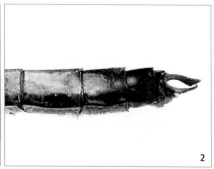

1 옆가슴(수컷) **2** 교미부속기(수컷)

수검은잠자리

Neurothemis fluctuans (Fabricius, 1793)

수컷 배 길이 23~26㎜, 암컷 배 길이 21~35㎜이다. 뒷날개 길이는 26~29㎜로 암컷과 수컷의 차이가 없다. 황갈색 또는 담갈색 바탕에 검은색 무늬가 있다. 수컷의 날개는 끝부분을 제외하고 흑갈색이며, 암컷은 날개 끝 또는 밑에 약하게 갈색빛이 돈다. 주로 평지나 구릉지의 수초가 무성한 저수지나 습지, 수로에 서식한다. 성충은 연중 활동한다.

표본 번호 NSMK-IN-0001647
채집 날짜 1995-IX-28
채집 지역 일본

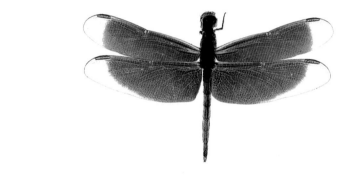

윗면(수컷)

옆면(수컷)

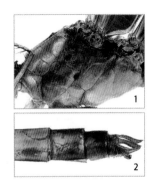

1 옆가슴(수컷) 2 교미부속기(수컷)

가는밀잠자리

Orthetrum sabina sabina (Drury, 1770)

배 길이 36~40㎜이고, 뒷날개 길이 36~38㎜이다. 가슴은 담녹색이며, 옆면에는 검은 무늬가 세로로 6개 있다. 배에는 녹색, 검은색, 흰색 무늬가 있으며, 1~3배마디는 팽창된다. 성충은 4월부터 12월까지 활동하며, 수컷은 자신의 세력권 안에 있는 나뭇잎이나 작은 가지에 앉아 지내며, 다른 수컷의 공격을 자주 받는다. 대만, 동남아시아, 중동아시아, 호주 등에 분포한다.

표본 번호 NSMK-IN-0001611
채집 날짜 1987-XII-04
채집 지역 일본

옆면(수컷)

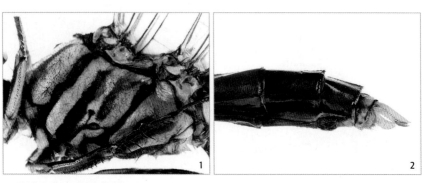

1 옆가슴(수컷) 2 교미부속기(수컷)

알락작은고추잠자리

Sympetrum maculatum Oguma, 1915

암컷과 수컷의 크기가 같으며, 배 길이 21~24㎜, 뒷날개 길이 23~27㎜이다. 전반적으로
검은색 바탕에 노란색 무늬가 있다. 수컷은 시간이 지나면 회황색이 되며, 청백색 분가루
가 생긴다. 가슴 옆면은 노란색이며, 크고 뚜렷한 검은색 세로무늬 2개가 연결된다. 성충
은 주로 구릉지 및 낮은 산지의 수생식물이 무성한 습지에 서식한다. 6월 하순에서 11월
중순까지 활동한다.

표본 번호 NSMK-IN-0001635
채집 날짜 1991-X-13
채집 지역 일본

윗면(수컷)

옆면(수컷)

윗면(암컷)

옆면(암컷)

1 옆가슴(수컷) **2** 교미부속기(수컷) **3** 옆가슴(암컷) **4** 교미부속기(암컷)

남방잠자리

Zyxomma petiolatum Rambur, 1842

수컷 배 길이 57~65㎜, 암컷 배 길이 55~60㎜이다. 수컷 뒷날개 길이 51~56㎜, 암컷 뒷날개 길이 50~57㎜이다. 머리와 가슴은 황록색이다. 1, 2배마디 아랫면 및 옆면은 황록색이고 윗면은 푸른색이다. 주로 평지나 구릉지, 낮은 산의 다양한 수초가 있는 저수지나 연못에 서식한다. 성충은 4월 중순부터 12월까지 볼 수 있으며, 대만, 중국, 인도, 태국, 일본열도에 분포한다.

표본 번호 NSMK-IN-0001871
채집 날짜 1996-VII-07
채집 지역 일본

옆면(수컷)

1 옆가슴(수컷) 2 교미부속기(수컷)

일본옛잠자리

Epiophlebia superstes Selys, 1889

수컷 배 길이 38~40㎜, 암컷 배 길이 36~38㎜이다. 수컷 뒷날개 길이 27~30㎜, 암컷 뒷날개 길이 26~29㎜이다. 전반적으로 검은색 바탕에 노란색 무늬가 반복적으로 나타난다. 가슴 옆면은 검은색이며, 뒷가슴에는 노란색 줄무늬가 1개 있다. 성충은 주로 산지의 수온이 낮고 물이 빠르게 흐르는 하천에 서식하며, 3월 하순에서 7월 하순까지 활동한다.

표본 번호 NSMK-IN-0001304
채집 날짜 1983-V-04
채집 지역 일본

옆면(수컷)

옆면(암컷)

1 옆가슴(수컷) 2 교미부속기(수컷) 3 옆가슴(암컷) 4 교미부속기(암컷)

옛날왕잠자리
Tanypteryx pryeri (Selys, 1889)

수컷 배 길이 48~54㎜, 암컷 배 길이 44~52㎜이다. 수컷 뒷날개 길이 39~45㎜, 암컷 뒷날개 길이 40~47㎜이다. 전반적으로 검은색 바탕에 노란색 무늬가 반복적으로 나타난다. 가슴은 검은색이며, 윗면에는 큰 회갈색 무늬가 1쌍 있다. 옆면은 노란색이며 검은색 무늬가 2개 있다. 성충은 주로 낮은 산지 습지 가장자리의 물이 샘솟는 곳에 서식한다. 4월 말에서 6월 말까지 활동한다.

표본 번호 NSMK-IN-0001363
채집 날짜 1999-V-16
채집 지역 일본

윗면(수컷)

옆면(수컷)

옆면(암컷)

1 옆가슴(수컷) **2** 교미부속기(수컷) **3** 옆가슴(암컷) **4** 교미부속기(암컷)

참고 문헌

권순직, 전영철, 박재흥. 2013. 물속생물도감, 저서성 대형무척추동물. 자연과생태. 791pp.

김명철, 천승필, 이존국. 2013. 하천생태계와 담수무척추동물. 지오북. 483pp.

배연재, 윤태중, 정광수, 진영헌, 황정미, 황정훈. 2013. 한국의 멸종위기 야생생물 적색자료집 곤충III. 국립생물자원관. 93pp.

배연재, 이혜영. 2012. 한국의곤충 제 4권 2호, 잠자리류(절지동물문: 곤충강: 잠자리목: 잠자리아목: 측범잠자리과, 왕잠자리과, 장수잠자리과). 국립생물자원관. 81pp.

배연재. 2011. 한국의곤충 제 4권 1호, 실잠자리류(절지동물문: 곤충강: 잠자리목: 실잠자리아목). 국립생물자원관. 72pp.

염진화, 황정미, 황정훈. 2012. 국가 생물종 목록집, 곤충 (수서곤충). 국립생물자원관. 120pp.

이종은, 정광수. 2012. 한국의 곤충 제 4권 2호, 잠자리류(절지동물문: 곤충강: 잠자리목: 청동잠자리과, 잔산잠자리과, 잠자리과). 국립생물자원관. 82pp.

정광수. 2007. 한국의 잠자리 생태도감. 일공육사. 512pp.

정광수. 2011. 한국 잠자리 유충. 자연과생태. 399pp.

정광수. 2012. 한국의 잠자리. 자연과생태. 272pp.

국가자연사연구종합정보시스템. www.naris.go.kr.

An SL. 2014. Academic Life and Achievements of Director SeungMo Lee, Entomologist. Entomological Research Bulletin 30(1): 1–12.

Cho PS. 1958. A manual of the dragonflies of Korea (Odonata). Journal of Humanities and Natural Sciences, Korea University 3: 303–382.

Dijkstra KDB, Kalkman VJ, Dow RA, Stokvis FR, Van Tol J. 2014. Redefining the damselfly families: a comprehensive molecular phylogeny of Zygoptera (Odonata). Systematic Entomology 39: 68–96.

Fraser F. 1957. A Reclassification of the order Odonata. Royal Zoological Society of New South Wales, 133pp.

Garrison R, von Ellenrieder N. 2016. A Synonymic List of the New World Odonata. Argia 3(2): 1–73.

Kim SB. 2008. Systematic Study of the Anisoptera (Insecta: Odonata) in Jeju Island, Korea, Based on Morphological characters and Mitochondrial 16S rRNA Gene Sequences. Cheju National University. Doctoral Thesis, 91pp.

Lee SM. 1996. Dragonflies (Odonata) of Korean Peninsula. Bulletin of the KACN 15: 73–114.

Lee SM. 2001. The Dragonflies of Korean Peninsula (Odonata). JenghaengSa, 229pp.

Munz PA. 1919. A venational study of the suborder Zygoptera. Memoirs of the American Entomologcial Society 3: 1–78.

Okudaira M, Sugimura M, Ishida S, Kojima K, Ishida K, Aoki T. 2001. Dragonflies of the Japanese Archipelago in Color. Hokkaido University Press, 641pp.

Piersanti S, Frati F, Conti E, Gaino E, Rebora M, Salerno G. 2014. First evidence of the use of olfaction in Odonata behaviour. Journal of Insect Physiology 62: 26–31.

Rehn AC. 2003. Phylogenetic analysis of higher-level relationships of Odonata. Systematic Entomology 28: 181–239.

Trueman JWH. 1996. A preliminary cladistic analysis of odonate wing venation. Odonatologica 25: 59–72.

Ueda K, Kim T, Aoki T. 2005. A new record of Early Cretaceous fossil dragonfly from Korea. Bulletin of the Kitakyushu Museum of Natural History Series A 3: 145–152.

Yoon JH. 1997. Taxonomic of the genus *Sympetrum* (Libellulidae, Odonata) from Korea. Kyungpook National University, 91pp.

Yum JW. 2014. Taxonomic revision of the Korean Zygoptera. Seoul Women's University. Doctoral Thesis, 196pp.

Yum JW, Lee HY, Bae YJ. 2010. Taxonomic Review of the Korean Zygoptera (Odonata). Entomological Research Bulletin 26: 41–55.

찾아보기_국내종

찾아보기_일본종